SHUDIAN XIANLU WUDONG JIANCE JISHU

输电线路舞动
监测技术

吕中宾 主 编

谢 凯 张 博 副主编

中国电力出版社
CHINA ELECTRIC POWER PRESS

内 容 提 要

本书聚焦舞动监测研究，通过梳理国内外研究成果进展，并结合输电线路舞动防治技术实验室最新研究成果，系统介绍了输电线路舞动监测的技术手段及装置，对进一步推动输电线路舞动监测技术研究具有重要意义。同时书中对每一种检测技术都给出应用实例，对防舞装置评价、防舞方案制定和舞动数据积累等工作的开展具有重要的参考价值。

本书共7章，主要有：第1章，对本书背景做简要介绍，对输电线路舞动监测研究现状和相关技术进行总体介绍；第2章，介绍了单目舞动监测技术的基本原理、系统构成和现场应用实测技术；第3章，介绍了基于加速度传感器的舞动监测技术的基本原理、系统构成和工程应用情况；第4章，介绍了IMU舞动监测技术的基本原理、信号处理方法和现场应用情况；第5章，介绍了全光纤舞动监测的基本原理、系统构成和实验室最新研究状况；第6章，介绍了GPS、现场简易观测等其他舞动监测技术的原理和应用情况；第7章，对舞动监测、检测装置检定平台的基本原理、系统构成、检定判据和典型舞动监测装置的检定情况进行介绍。

本书可供输电线路设计、运行维护、管理人员工作中参考使用；同时还可供输电线路舞动监测技术相关研究人员和高校师生学习使用。

图书在版编目（CIP）数据

输电线路舞动监测技术/吕中宾主编. —北京：中国电力出版社，2020.9
ISBN 978-7-5198-4836-1

Ⅰ.①输… Ⅱ.①吕… Ⅲ.①输电线路–导线舞动–监测 Ⅳ.①TM726

中国版本图书馆 CIP 数据核字（2020）第 139043 号

出版发行：中国电力出版社
地　　址：北京市东城区北京站西街 19 号（邮政编码 100005）
网　　址：http://www.cepp.sgcc.com.cn
责任编辑：薛　红（010-63412346）
责任校对：黄　蓓　马　宁
装帧设计：张俊霞
责任印制：石　雷

印　　刷：三河市百盛印装有限公司
版　　次：2020 年 9 月第一版
印　　次：2020 年 9 月北京第一次印刷
开　　本：710 毫米×1000 毫米　16 开本
印　　张：8.75
字　　数：149 千字
定　　价：45.00 元

版权专有　侵权必究

本书如有印装质量问题，我社营销中心负责退换

编 委 会

主　　任　司学振

委　　员　姚德贵　李　清　褚双伟　潘　勇　寇晓适

主　　编　吕中宾

副 主 编　谢　凯　张　博

参编人员　杨晓辉　卢　明　魏建林　庞　锴　张宇鹏

　　　　　伍　川　叶中飞　马　伦　刘光辉　陶亚光

　　　　　倪一清　张建中　穆海宝　张健壮　张劲光

　　　　　郑　伟　张建斌　郭慧豪　张　璐　马国明

　　　　　王　超　司方正　任鹏亮　杨　威　刘泽辉

　　　　　李梦丽　高　超　宋高丽　陈　钊

前　　言

　　舞动是指不均匀覆冰的输电导线在自然风作用下产生的一种低频率（约为0.1～3Hz）、大振幅（约为导线直径的 5～300 倍）的自激振动，多发生于较高风速和非圆截面覆冰条件。其本质是由于结构与风力的气动耦合作用而产生的失稳振动，即驰振（Galloping）。输电导线发生驰振时，其形态上下翻飞，形如龙舞，因此在输电线路工程技术领域也称为舞动。舞动会导致相间闪络、导地线、金具及绝缘子损坏，严重时会导致线路跳闸停电、断线倒塔等，严重威胁到电网的安全稳定运行，造成重大经济损失。

　　舞动研究包括舞动试验技术、舞动监测技术、舞动机理和仿真技术及舞动防治技术等内容。舞动监测技术是整个舞动研究的基础。国网河南省电力公司电力科学研究院于 2010 年 8 月建成了国内唯一的输电线路舞动防治技术实验室，依托全长3.715km 的真型试验线路，开展了"基于单目视觉分析方法的输电线路舞动监测技术研究""基于全光纤技术的输电线路结构健康实时监测与预警系统研发""舞动监测/检测装置检定标准研究"等舞动监测技术研究，研发了基于单目检测技术、全光纤测试技术等多种舞动检测装置，建成了通过 CNAS 认证的舞动监测装置检定平台。

　　本书对国内外舞动监测技术的现状和输电线路舞动防治技术实验室研究成果进行了梳理，全面介绍了舞动监测技术的原理、装置选型、使用方法、设备检定等内容。全书共分 7 章：第 1 章，对本书背景做简要介绍，对输电线路舞动监测研究现状和相关技术进行总体介绍；第 2 章，介绍了单目舞动监测技术的基本原理、系统构成和现场应用实测技术；第 3 章，介绍了基于加速度传感器的舞动监测技术的基本原理、系统构成和工程应用情况；第 4 章，介绍了基于 IMU（Inertial Measurement Unit，惯性测量单元）的舞动监测技术的基本原理、信号处理方法和现场应用情况；第 5 章，介绍了全光纤舞动监测的基本原理、系统构成和实验室最新研究状况；第 6 章，介绍了基于 GPS（Global Positioning System，全球定位系统）、现场简易观测等其他舞动监测技术的原理和应用情况；第 7 章，对舞动监测、检测装置检定平台的基本原理、系统构成、检定判据和典型舞动监测装置的检定情况进行介绍。

　　本书由教授级高工吕中宾主编，负责第 7 章的编写工作，对全书进行统稿和审稿；教授级高工谢凯博士负责第 3～5 章的编写工作；高级工程师张博负责第 1、2、6 章的编制工作。实验室杨晓辉博士、魏建林博士等均参与相关章节编制工作。香港理工大学的倪一清教授、哈尔滨工程大学的张建中教授、西安交通大学的穆海宝副教授分别对第 4 章、第 5 章及第 7 章进行审稿。

　　本书尝试全面系统的展现舞动监测技术的研究成果，希望对输电线路相关设计、运维和研究人员有所帮助。由于编者水平有限，书中不足或疏漏之处在所难免，技术方面也可能存在需要完善之处，敬请读者批评指正。

吕中宾

2020 年 6 月于郑州尖山

目　　录

第1章 概　述

　　舞动问题在本质上为非线性动力学问题，是架空输电线路机械力学领域公认的世界性难题。

　　随着我国电网建设的发展，近年来我国架空输电线路舞动事故发生的频率和强度明显增加，舞动已成为当前威胁我国线路安全的最主要因素之一。

1.1　舞动现象及危害

　　舞动是不均匀覆冰导线在风的作用下产生的一种低频率（约为 0.1～3Hz）、大振幅（约为导线直径的 5～300 倍）的自激振动，在振动形态上表现为在一个档距内只有一个或少数几个半波。线路舞动的危害主要有机械损伤和电气故障两类。机械损伤包括螺栓松动、脱落（见图 1-1），金具、绝缘子、跳线损坏，导线断股、断线，塔材、基础受损，杆塔倒塔（见图 1-2）等；电气故障主要包括相间跳闸、闪络，导线烧蚀、断线，相地短路以及混线跳闸等。

图 1-1　螺栓松动、脱落

图 1-2　杆塔倒塔

我国是舞动发生最频繁的国家之一，舞动涉及各个电压等级的输电线路。在我国存在一条北起黑龙江，南至湖南的传统舞动带，因为每年的冬季及初春季节（每年的 11、12 月和次年的 1、2、3 月），我国西北方南下的干冷气流和东南方北上的暖湿气流在我国东北部、中部（偏沿海地区）相汇，这些地区极易形成冻雨或雨淞地带使导线覆冰，并且由于风力较强，这条带状区域内的输电线路在冬季由于特殊的气象因素满足了起舞的基本要素后而诱发舞动。其中辽宁省、湖北省、河南省是我国的传统强舞动区。

近年来，随着电网建设的发展，以及受极端气象条件频发的影响，我国架空输电线路舞动事故发生的频率和强度都明显增加，尤其是 2000 年后，几乎每年都发生较严重的舞动事故，造成了严重的损失。2009 年 11 月到 2019 年 1 月，河南、山西、湖南、江西、浙江、辽宁、河北、山东、湖北、安徽等省相继出现十余次输电线路大面积覆冰舞动现象，造成多条不同电压等级线路发生机械和电气故障，给电网安全稳定运行带来巨大威胁。

1.2　舞 动 基 础 理 论

目前国内外关于舞动机理的研究理论主要包括 Den Hartog 的垂直舞动机理、O.Nigol 的扭转舞动机理、P.Yu 的偏心惯性耦合失稳理论、我国学者蔡廷湘的低阻尼系统共振理论和尤传永的稳定性舞动机理。

1.2.1　Den Hartog 的垂直舞动理论

Den Hartog 的垂直舞动理论认为，当风吹向覆冰所致非圆截面时会产生升、阻力；只有当升力曲线斜率的负值大于阻力时，导线截面动力不稳定，舞动才能发展。Den Hartog 的垂直舞动理论仅考虑了偏心覆冰导线在风激励下的空气动力特性。忽略了导线扭转的影响。试验表明，导线舞动也会发生在升力曲线正、负斜率区域，这种现象不能用该理论解释。

1.2.2　O.Nigol 的扭转舞动理论

O.Nigol 的扭转舞动理论认为，当覆冰导线的空气动力扭转阻尼为负且大于导线的固有扭转阻尼时，扭转运动成为自激振动，当扭转振动频率接近垂直或水平振动频率时，横向运动受耦合力的激励产生一交变力，在此力作用下导线发生大幅度的舞动。该理论考虑了导线扭转的影响，这是对舞动理论的重要补充和发展，但它不能解释薄覆冰舞动现象。

1.2.3　P.Yu 的偏心惯性耦合失稳理论

P.Yu 的偏心惯性耦合失稳理论认为，导线舞动属于三自由度运动，绝大多数情况下都将同时出现垂直、水平和扭转三种振动。由于覆冰导线存在偏心惯性，既可能通过横向运动（垂直和水平）诱发扭转运动，此时在升力曲线负斜率区域内助长舞动积累能量，在升力曲线的正斜率区域内则反之；也可能通过扭转运动诱发横向运动，此时扭转运动通过耦合项产生一交变力，导致垂直舞动和水平舞动既可发生在升力曲线的负斜率区域内，也可发生在正斜率区域内。该理论能较好地解释实际观测到的很多舞动现象，但它仍不能对薄冰、无覆冰舞动现象作出合理解释。

1.2.4　低阻尼系统共振理论

低阻尼系统共振理论认为在风作用下，整个架空输电线路各组成单元都产生不同程度的振动，在特殊气象条件下，导地线气动阻尼、结构阻尼降低，其振动会加

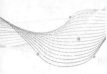

剧，并激发线路产生系统共振，即形成舞动。低阻尼系统共振的舞动理论可以解释传统舞动原理不能解释的薄、无覆冰舞动现象，但是该理论还未通过实践验证。

1.2.5　稳定性舞动机理

稳定性舞动机理理论认为从稳定性角度来看，舞动是一种失稳。因此，可以通过系统稳定性分析来探讨舞动形成的原因、条件、影响因素以及控制舞动的途径和防舞装置的效果等一系列问题，不必事先判断激发模式。稳定性理论涵盖了竖直与扭转两个方面的稳定性问题。它将 Den.Hartog 和 Nigol 机理统一于一个运动方程组，能完整全面地反映舞动的激发机理，避免对二者分别计算比较，是一种较为合理的分析方法。但是该理论对防舞装置的等效存在较大的误差。

综上所述，现有的舞动基础理论尚不能完整解释所有舞动现象，舞动的基础理论研究有待不断完善，特别是需要完善多分裂数大截面导线微薄覆冰条件下的舞动机理。

1.3　舞　动　试　验　技　术

舞动试验技术主要指风洞试验和真型试验线路试验。风洞试验主要指在风洞中测试覆冰导线的节段模型的气动特性或模拟导线在节段模型条件下的舞动特征。由于风洞试验实现方便，国内外相关研究成果较多：研究了新月形（准椭圆形）、扇形、三角形、菱形等典型非圆截面覆冰条件下导线静态和动态空气动力特征；讨论了准静态假设在覆冰导线驰振分析中的适用性；分析了典型风速、风向、湍流度、冰厚、子导线尾流等要素对覆冰导线气动特性的影响规律；模拟了风洞条件下导线节段模型次档距振荡和驰振。由于风洞试验仅能开展导线节断模型试验，不能反映整段导线的振动特性，因此仅能验证分析方法的合理性。对于线路整段导线的舞动特征，需要开展包括真型线路试验在内的其他研究。

真型试验线路试验是利用真实的线路和人工模拟冰，在稳定的自然风作用下，使导线舞动并开展特性研究和规律观测的一种研究方法，也是目前舞动研究最为有效的方法。真型试验线路的建立对气候要求较高，选址难度大。国外仅日本、加拿大等少数国家建有研究舞动的试验线路（见图 1-3 和图 1-4）。我国在 20 世纪 90

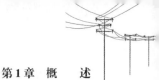

年代在北京良乡建有试验线路，目前已经拆除。2010年河南电科院在郑州尖山建成了世界上线路最长、导线分裂数和杆塔塔型最多、试验功能最齐全的真型试验线路（见图1-5），并成功实现双分裂、四分裂、六分裂及八分裂导线人工在自然风激励下的长周期、大振幅、高频次舞动。

图1-3　加拿大魁北克舞动试验线路

图1-4　日本最上舞动试验线路

　　利用真型试验线路，河南电科院在国际上首次实现了自然风激励下连续三个耐张段的长周期、大幅值、高频度舞动，并利用舞动综合监测体系，完成了不同结构特征的双摆防舞器、相间间隔棒的防舞性能定量评价；对同塔双（多）回线路的防舞动措施进行研究，研发了防舞相间间隔棒专用金具，提出了不同电压等级及不同档距下基于相间间隔棒的防舞动综合配置方案，并在输电线路舞动治理中广泛应用。

图1-5 中国郑州尖山舞动试验线路

1.4 舞 动 防 治 技 术

输电线路舞动治理的主要措施是加装防舞装置或进行防舞技术改造。防舞装置主要包括相间间隔棒（见图1-6）、线夹回转式间隔棒（见图1-7）、双摆防舞器（见图1-8）、以及这些防舞装置的组合形式。防舞技术改造是指在加装防舞装置的基础上，通过加固输电杆塔、更换高强度金具、绝缘子等手段，提升输电线路的抗舞防破坏的相关措施。

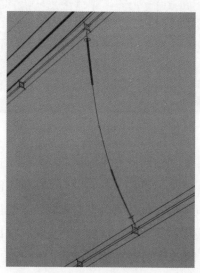

图1-6 相间间隔棒

图 1-7 六分裂线夹回转式间隔棒　　　　图 1-8 四分裂导线用双摆防舞器

通过防舞装置的大量安装和防舞技术改造的推广，110、220kV 线路、500kV 垂直布置线路的舞动问题得到了有效控制。但是由于现有防舞技术的局限性，电网依然有部分线路的舞动治理效果不理想，如 500kV 紧凑型线路、特高压多分裂大截面导线线路。2018 年和 2019 年年初，我国湖北、安徽等地出现大量线路舞动故障，部分线路虽然安装了防舞措施，但这些防舞措施不具有针对性，在持续舞动灾害的作用下，依然发生了倒塔、断线、金具和绝缘子损害的故障。河南电科院提出相地防舞装置通过试验线路评估（见图 1-9），在特高压线路舞动防治上效果良好，目前在湖北等地有少量应用。

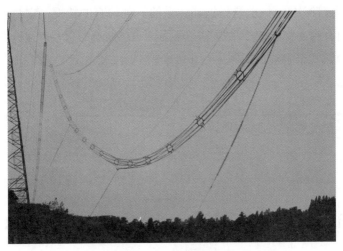

图 1-9 相地防舞装置

持续优化现有防舞措施，研发新的防舞装置对于输电线路舞动灾害的治理具有重要的现实意义。

1.5　舞　动　监　测　技　术

　　舞动监测是舞动研究的前提和基础，输电线路舞动监测需从发生舞动的三方面要素来考虑，即导线不均匀覆冰、风激励和线路结构参数。一般来说，线路发生舞动的日期、时间、气温、风速、风向、冰型、冰厚、线路参数（档距、分裂导线分裂数）、振型（阶次）、频率、振幅等信息是非常重要的，应尽可能准确、翔实地观测、记录。其中表征舞动特性的参数为振幅、频率和阶次等，本书所说的舞动监测即对这些主要参数进行监测。

　　（1）振幅：振动物体离开平衡位置的最大距离叫振动的振幅。振幅描述了物体振动幅度的大小和振动的强弱，有时常用峰峰值表示舞动振幅。舞动幅值又分为水平位移振幅、垂直位移振幅、扭转角度振幅。

　　（2）频率：1s内振动质点完成的全振动的次数叫振动的频率。线路舞动的频率主要由线路的张力、线密度等本体结构参数决定。频率分为水平位移频率、垂直位移频率、扭转角度频率。

　　（3）振型（阶次）：振型是指振动体系的一种固有的特性，它与固有频率相对应，每一阶固有频率都对应一种振型。导线舞动在振动形态上表现为在一个档距内只有一个或少数几个半波，如图1-10所示。

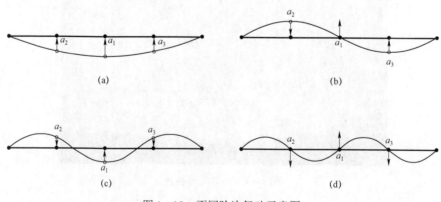

图1-10　不同阶次舞动示意图

（a）一阶舞动；（b）二阶舞动；（c）三阶舞动；（d）四阶舞动

　　常用的舞动监测技术如表1-1所示，包括基于加速度传感器的舞动监测技术、基于单目测量的舞动监测技术、基于惯性测量传感器的舞动监测技术、基于全光纤分布式传感技术的舞动监测技术等。

表 1-1 常用的舞动监测技术

分类	监测参数	适用范围	应用情况
基于单目测量的舞动监测技术	水平和垂直位移幅值、频率、振型	离线或在线监测装置，适用于安装有间隔棒的多分裂架空输电线路，对视频装置有一定要求	河南、安徽等地的多条线路上应用
基于加速度传感器的舞动监测技术	水平和垂直位移振幅、频率、振型	在线监测装置，需要导线上安装传感器	山东、山西、重庆、陕西、上海、江苏、浙江、安徽、辽宁、吉林、新疆维吾尔自治区等 11 个省（自治区）应用
基于惯性测量传感器的舞动监测技术	水平和垂直位移振幅、扭转角度振幅、频率、振型	在线监测装置，需要导线上安装传感器	河南尖山真型线路试应用
基于全光纤分布式传感技术的舞动监测技术	舞动频率	在线监测装置，分布式监测。适用于光纤复合相线（optical phase conductor，OPPC）导线监测线路舞动；光纤复合架空地线（optical fiber composite ground wire，OPGW）地线间接监测线路舞动	河南尖山真型线路试应用

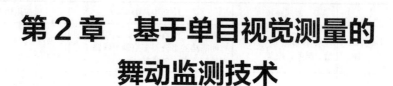

第2章 基于单目视觉测量的舞动监测技术

单目视觉测量是指仅利用一台相机拍摄连续相片或视频来进行测量工作。因其仅需一台视觉传感器，所以该方法结构简单、相机标定也简单，同时还避免了立体视觉中的视场小、立体匹配难的不足，近年来这方面的研究较为活跃。基于该技术的输电线路舞动监测系统不仅能够得到输电线路舞动的幅值、频率和阶次参数，而且可以获取被测线路段的动态运动轨迹，采用非接触式测量、同步多点监测方式，具有测量范围大、便携方便、操作简单和运行速度快等优点。

2.1 基 本 原 理

2.1.1 成像模型

在计算机视觉中，利用所拍摄的图像可以计算三维空间中被测物体几何参数，图像是空间物体通过成像系统在像平面上的反映，即空间物体在像平面上的投影。图像上每一个像素点的灰度反映空间物体表面某点的反射光的强度，而该点在图像上的位置则与空间物体表面对应点的几何位置有关。这些位置的相互关系，由摄像机成像系统的几何投影模型所决定。

三维空间中的物体到像平面的投影关系即为成像模型，理想的投影成像模型是光学中的中心投影，也称为针孔模型。针孔模型假设物体表面的反射光都经过一个针孔而投影到像平面上，即满足光的直线传播条件。针孔模型主要由光心（投影中心）、成像面和光轴组成。小孔成像由于透光量太小，因此需要很长的曝光时间，并且很难得到清晰的图像。实际摄像系统通常由透镜或者透镜组组成。两种模型具有相同的成像关系，即像点是物点和光心的连线与图像平面的交点。因此，以针孔模型作为摄像机成像模型。

在推导成像模型的过程中，不可避免地要涉及空间直角坐标系，直角坐标系分为右手系和左手系两种。如果把右手的拇指和食指分别指向 x 轴和 y 轴的方向，中指指向 z 轴的方向，满足此种对应关系的就叫作右旋坐标系或右手坐标系；如果左手的三个手指依次指向 x 轴、y 轴和 z 轴，这样的坐标系叫作左手坐标系或者左旋坐标系。本书使用的坐标系均为右手坐标系。

对于仅有一块理想薄凸透镜的成像系统，要成一缩小实像，物距 u，像距 v，焦距 f 必须满足的关系为

$$\frac{1}{u}+\frac{1}{v}=\frac{1}{f} \tag{2-1}$$

当 u 远大于 f 时，可以认为 v 与 f 近似相等，若取透镜中心为三维空间坐标系原点，则三维物体成像于透镜焦点所在的像平面上，如图 2-1 所示。

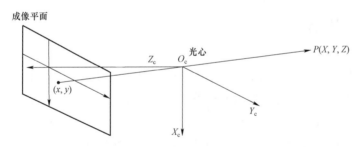

图 2-1　针孔成像原理

图 2-1 中 (X, Y, Z) 为空间点坐标，$(x, y, -f)$ 为像点坐标，(X_c, Y_c, Z_c) 为以透镜中心即光学中心为坐标原点的三维坐标系。成像平面平行于光平面，距光心距离为 f。则有下列关系成立

$$\begin{cases} x=-\dfrac{f}{Z}X \\ y=-\dfrac{f}{Z}Y \end{cases} \tag{2-2}$$

上述成像模型即为光学中的中心投影模型，也称为针孔模型。模型假设物体表面的部分反射光经过一个针孔而投影到像平面上，也即成像过程满足光的直线传播

条件，为一个射影变换过程；而相应地，像点位置仅与空间点坐标和透镜焦距相关。由于成像平面位于光心原点的后面，因此称为后投影模型，此时像点与物点的坐标符号相反。为简便起见，在不改变像点与物点的大小比例关系的前提下，可以将成像平面从光心后前移至光心前，如图 2-2 所示，此时空间点坐标与像点坐标之间符号相同，成等比例缩小的关系，此种模型称为前投影模型。

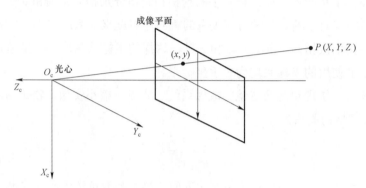

图 2-2　针孔成像前投影模型

2.1.2　标定方法

摄像机标定是从二维图像获取三维空间信息的必要和关键步骤，其目的是获取摄像机的内外参数，确定摄像机坐标系到世界坐标系之间的相对变换关系。单目视觉监测系统中图像识别系统通过视频跟踪技术，对输电线路的特征点（一般指线路上的间隔棒）进行捕捉跟踪，得到的是各点的二维像素变化曲线，需通过相应的摄像机标定方法得到每一个像素点对应的实际距离，从而得到实际线路上特征点的空间坐标变化，最后得到各特征点的真实运动轨迹。

在视频跟踪分析过程中，需要确定图像尺寸和实际尺寸的对应关系，而拍摄位置和拍摄时摄像机镜头的角度及焦距不同，所得到的对应关系也不同。因此，在每一次确定了观测点位置和镜头角度之后，都要对摄像机进行标定。

根据成像基本原理，可以进行标定计算。标定的主要目的是将测量结果转换为实际的物理单位。特征点一般选择线路上的间隔棒。

相机成像切面图如图 2-3 所示。

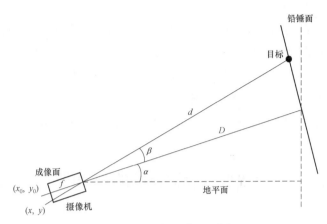

图 2 - 3　相机成像切面图

假设空间内任意一点的垂直位移标定系数 K，则

$$K = \frac{bD}{f}\cos\alpha \tag{2-3}$$

式中　K——某一被测点的垂直位移标定系数；

　　b——电荷耦合器件（charge coupled device，CCD）的像元尺寸，已知，μm；

　　α——摄像机的仰角；

　　f——镜头的焦距，已知，mm；

　　D——摄像机到物平面的距离，m。

其中

$$D = d\cos\beta - \frac{f}{1000} \tag{2-4}$$

式中　d——被测点到摄像机的距离，m；

　　β——被测点相对于摄像机的光轴之间的夹角。

其中

$$\beta = \sqrt{(x-x_0)^2 + (y-y_0)^2}\ \arctan\frac{b}{f} \tag{2-5}$$

式中　x，y——被测点像素坐标，当被测点选定以后，（x，y）也就确定；

　　x_0，y_0——摄像机的中心点坐标。

通过式（2-3）～式（2-5），可以得到测量垂直位移的标定系数为

$$K = \frac{b\times\left[d\times\cos\sqrt{(x-x_0)^2+(y-y_0)^2}\ \arctan\dfrac{b}{f} - \dfrac{f}{1000}\right]}{f}\cos\alpha \tag{2-6}$$

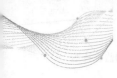

对经常发生舞动的区域，可以事先确定一个固定的测量位置，每次仪器都架设在这个位置进行测量。这样做的好处是标定工作只做一次，以后再测量的时候，只需要把测量仪器架设在相同的位置，不需要重新标定。在输电线路舞动监测中，测量距离一般都在百米以上，当每次架设仪器的位置相差几厘米，甚至几十厘米的时候，带来的相对误差非常小，所以无须要求仪器每次架设的位置完全一致。

2.2 基于单目视觉测量的舞动监测系统

基于单目视觉的输电线路舞动监测技术，可以现场实时监测，也可以现场拍摄舞动视频，事后分析。具有测量范围大、便携方便、操作简单和运行速度快的特点，实现了对舞动幅值、频率、阶次、动态轨迹和变化趋势的快速监测。

单目视觉监测系统主要包括数据采集及图像识别两个功能模块，数据采集主要通过高清摄像机和测距仪实现，图像识别主要包括图像匹配、图像跟踪、轨迹分析计算、原始数据导出等过程，单目视觉监测系统的工作原理框图如图2-4所示。

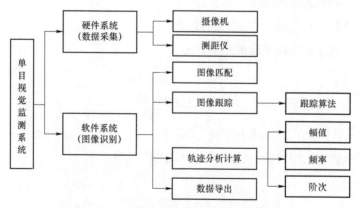

图2-4 单目视觉监测系统的工作原理框图

单目视觉监测系统通过高清摄像机采集被测物运动视频，测距仪测量被测物距离与角度等信息，并分别通过 USB 高速数据传输接口以及无线蓝牙非接触式数据传输技术将采集到的数字图像传送到终端进行图像识别。图像识别模块结合最先进的数字图像处理技术对运动图像的每帧图片特征点进行快速跟踪处理，得到完整图像中运动目标的相对位置和运动轨迹信息，然后再通过数据计算、数据分析等方法得出运动物体的幅值、频率、阶次等信息，从而实现非接触式跟踪测量运动目标的目的。

单目视觉监测系统主要包括硬件系统和软件系统两部分，硬件系统主要用于数据采集，软件系统主要用于控制硬件系统及图像识别与分析处理。其中硬件系统包括激光测距仪（测量距离、仰角、与线路夹角）、摄像机、笔记本电脑、三脚架等设备；软件系统通过基于线路特征的单目视觉标定和基于特征点的图像跟踪算法对数据采集模块所录制的舞动视频进行跟踪分析。系统工作示意图如图 2−5 所示。

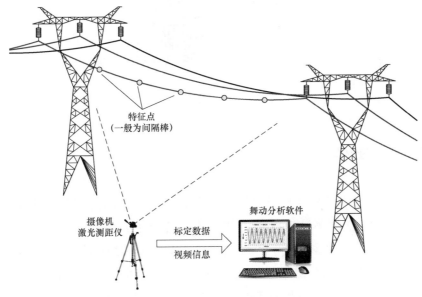

图 2−5　单目视觉监测系统工作示意图

2.2.1　系统硬件

硬件系统包括多功能激光测距仪（测量距离、仰角、与光轴夹角）、摄像机、笔记本电脑、三脚架等设备，图 2−6 为硬件系统实物搭建示意图。具体要求如下：

（1）摄像机的分辨率不小于 1024×768，帧频不小于 24 帧；

（2）多功能激光测距仪应具备同时检测距离、仰角和夹角的能力；

（3）主要硬件设备必须经检定合格，且在检定有效期内。

图2-6　硬件系统实物图

2.2.2　系统软件

软件系统通过基于线路特征的单目视觉标定和基于特征点的图像跟踪算法对数据采集模块所录制的舞动视频进行跟踪分析。主要包括特征提取、图像匹配、图像跟踪、数据计算和曲线拟合等步骤。其中,特征识别和跟踪的基本原理如下。

(1)选取特征点的图像样本。系统首先会在一副图像中获取特征点的图样样本。如图2-7所示,选取背景无遮挡,且和背景对比度大的间隔棒,设置一个特征点,系统会获取黑色方框内的图像信息作为这个特征点的初始图样样本。

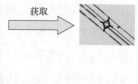

图2-7　选取样本示意图

（2）在图像中寻找并匹配图样样本的位置。系统会在后续的一系列视频图像中，寻找并匹配这个特征点的图样样本，从而得到特征点在后续新图像中的位置坐标，如图 2-8 所示。

图 2-8　匹配图样样本示意图

利用特征点的图样，在新的图像中进行识别和匹配，就能得到这个被测点在新的图像中的具体位置。基于以上过程，系统实现被测点的跟踪和测量，并且，可以实现同步测量多个被测点的功能。

（3）匹配计算基本原理。在被寻找的图像中，建立一个坐标系(x_s, y_s)，每一个像素对应一个坐标，并且对应一个强度 $I_s(x_s, y_s)$。同样，在模板中的一个像素也对应一个坐标(x_t, y_t)和强度$I_t(x_t, y_t)$。那么，$\text{Diff}(x_s, y_s, x_t, y_t)$定义为像素强度的绝对差表达为

$$\text{Diff}(x_s, y_s, x_t, y_t) = |I_s(x_s, y_s) - I_t(x_t, y_t)| \tag{2-7}$$

$$SAD(x, y) = \sum_{i=0}^{T_{rows}} \sum_{j=0}^{T_{cols}} \text{Diff}(x+i, y+j, i, j) \tag{2-8}$$

在被寻找图像中，搜索原始模板图样可用数学表达为

$$\sum_{x=0}^{S_{rows}} \sum_{y=0}^{S_{cols}} SAD(x, y) \tag{2-9}$$

S_{rows} 和 S_{cols} 代表被寻找图像的行和列；T_{rows} 和 T_{cols} 代表模板图样的行和列。在这个思路中，最小 SAD 值对匹配度给出一个评估值。最后，通过评估值来匹配图像特征位置。

2.2.3　基本工作过程

视频图像分析可先录取舞动视频，结合相机参数计算出标定系数，再利用软件系统追踪各特征点的变化轨迹，之后结合各特征点的标定系数拟合出舞动导线的舞

动轨迹。其基本工作过程如图 2-9 所示。

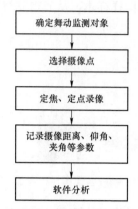

图 2-9 视频图像分析方法工作过程图

具体操作流程为：

（1）确定舞动监测对象，主要确定要监测的线路具体档距，全档监测还是半档监测，监测三相导线还是只监测一相导线。

（2）选择摄像点，主要考虑到拍摄点与线路应有一定的距离以保证标定系数的精确性，但同时应保证线路特征点的清晰。

（3）将摄像机固定于三脚架上进行定点、定焦录像。

（4）录像录制后通过测距仪测量摄像头的仰角、光轴与磁力线的夹角、摄像头至各特征点的距离等参数。

（5）将录像传输至软件系统，获得各特征点的二维变化曲线，结合摄像机本身参数计算出各特征点的标定系数，结合标定系数得出各特征点的二维变化轨迹，并拟合出舞动线路在垂直方向或水平方向的舞动轨迹。从舞动线路在垂直方向的舞动轨迹，可以得到舞动的垂直最大幅值、阶次；从某个特征点在垂直方向或水平方向的幅值变化，可以得到舞动的频率。

2.3 应 用 实 例

基于单目视觉的输电线路舞动现场监测技术属于新兴技术，尚未实现大规模应用，但该系统已在国网重点实验室——输电线路舞动防治技术实验室和线路舞动现

场实现了实际监测，并取得了较好的监测结果。

2.3.1　真型试验线路舞动监测

单目视觉监测系统在输电线路舞动防治技术实验室真型试验线路的监测应用中，实现了多次输电线路舞动的图像识别与分析处理，本节以 2013 年 1 月 12 日 3～4 号档线路舞动为例进行介绍。

在 3～4 号档输电线路中，以六分裂导线上视觉特征较为明显的子间隔棒作为特征点进行测量，如图 2-10 所示，图中 1～7 代表六分裂南相线路上选取的特征点。利用单目视觉监测系统中的硬件系统采集输电线路舞动视频，并传输至软件系统进行图像识别及分析处理，得到输电线路的舞动幅值、频率、阶次、舞动轨迹等参数。

图 2-10　3～4 号档输电线路南相上的特征点 1～7

依据平时的测量结果，导线未发生舞动时的静态曲线如图 2-11（a）所示。

在静态曲线的基础上，对各特征点垂直坐标相对变化量进行曲线拟合可得不同间隔棒不同时刻的坐标垂直变化量的轨迹，如图 2-11（b）所示，图中 0 和 8 为导线挂点，1～7 为特征点（间隔棒）。

通过图 2-11 可以得出舞动阶次为二阶，间隔棒 3 为所选特征点中舞动幅值最大的点。通过数据分析得出，最大舞动幅值为 4.08m。基于特征点 3 号坐标垂直变化量，可得该点垂直变化量随时间的变化轨迹，如图 2-12 所示，可计算出舞动频率为 0.38Hz。

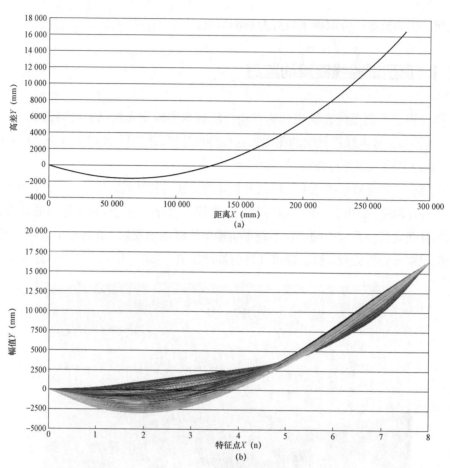

图 2-11　线路舞动轨迹图

（a）线路静态曲线；（b）线路舞动轨迹图

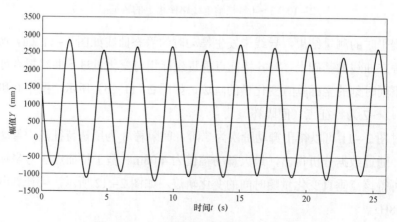

图 2-12　3 号特征点最大垂直位移曲线

图 2-13 为特征点 3 号处的二维断面曲线，可以看出，特征点 3 号处舞动是垂直方向运动幅值大，水平方向运动幅值小的椭圆曲线。

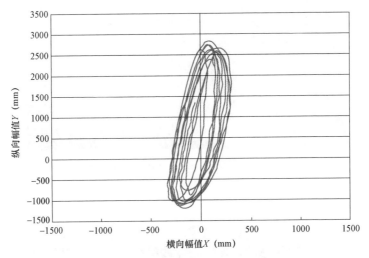

图 2-13　特征点 3 号舞动的二维曲线

2.3.2　实际线路舞动现场监测

2015 年 11 月 24 日，河南麒友线 27～28 号档线路持续发生舞动，现场通过单目视觉监测系统对输电线路的舞动情况进行了拍摄，记录舞动视频对应的标定参数，利用软件系统对 27～28 号档上输电线路的舞动图像进行识别及分析处理，得到了该档输电线路对应的舞动特征参数。

在该档输电线路中，以视觉特征较为明显的子间隔棒作为特征点进行测量，如图 2-14 所示，图中 1～7 代表南相线路上选取的特征点。

经过软件系统计算，对各特征点垂直坐标相对变化量进行曲线拟合可得到模拟的整档输电线路舞动趋势，如图 2-15 所示。

通过图 2-15 可以得出该次输电线路舞动阶次为二阶，子间隔棒 3 为所选特征点中舞动幅值最大的点，最大舞动幅值为 2.36m。

基于特征点 3 号坐标垂直变化量，可得该点垂直变化量随时间的变化轨迹，如图 2-16 所示，可计算出舞动频率为 0.37Hz。

图 2-14　麒友线 27～28 号档南相上的特征点

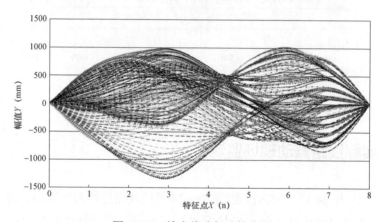

图 2-15　输电线路舞动趋势图

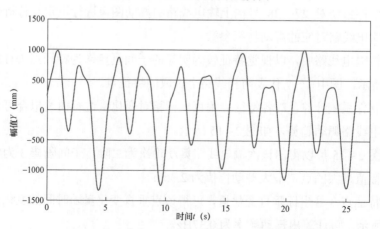

图 2-16　特征点 3 号（子间隔棒）垂直位移曲线

图 2-17 为特征点 3 号处的二维断面曲线，可以看出，特征点 3 号处舞动是垂直方向运动幅值大，水平方向运动幅值小的椭圆曲线。

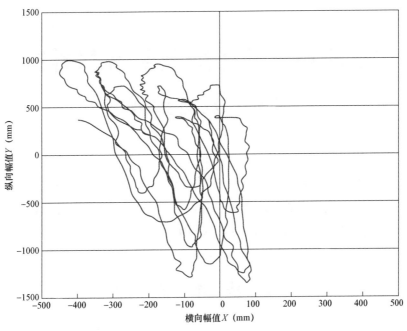

图 2-17　特征点 3 号舞动的二维断面曲线图

2.3.3　应用前景

本章提出了一种基于单目视觉分析的输电线路舞动监测技术，并介绍了一种单目视觉监测系统。该系统通过硬件系统对输电线路舞动情况进行视频图像数据采集，并利用软件系统实现图像识别及分析处理，不仅能得到输电线路舞动的幅值、频率、阶次等舞动参数，且能得到导线的舞动轨迹；同时，它也是一种非接触式的现场舞动监测技术，在保证舞动监测数据精度的同时，提高了舞动监测的便利性。而且单目视觉监测系统在真型输电线路及现场输电线路的舞动实例中的应用也进一步证明了其工作精度及可靠性，具有进一步推广的前景。

第3章 基于加速度传感器的舞动监测技术

基于加速度传感器的舞动监测技术是应用最早、使用较多的输电线路舞动监测方法之一。国内外有大量相关研究和应用尝试案例。本章将详细介绍该技术的基本原理、数据处理方法、在线监测系统、应用实例等。

3.1 基 本 原 理

基于加速度传感器的舞动在线监测技术的基本原理是在输电线路导线上安装前端加速度传感器，实时采集导线舞动时的加速度信息；在临近输电铁塔上安装数据收发基站，及时收集前端传感器数据并发送至后台服务器；后台服务器安装于远端控制中心，通过对导线监测点在空间坐标系中三个方向加速度信号的二次积分、矢量合成等数据处理操作后，可以得到监测点的舞动位移矢量和三维空间中舞动变化轨迹；线路运维人员在电脑或手机端通过登录网页可以查看线路舞动状态并辅助运维决策。基于加速度传感器的舞动在线监测技术原理图见图 3−1。

3.1.1 加速度−位移转换原理

对于任意平动物体，其加速度与速度之间，速度与位移之间均满足一次积分关系，加速度与位移之间满足二次积分关系，可以利用这种关系实现加速度到位移的转换。为了简化分析，首先对单维度运动物体的加速度−位移二次积分转换原理进行分析。

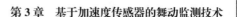

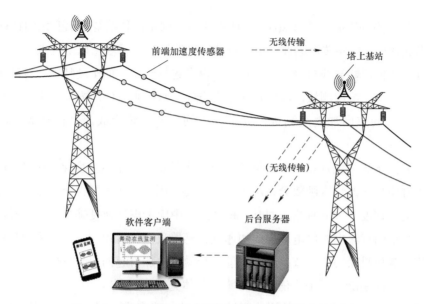

图 3-1 　基于加速度传感器的舞动在线监测技术原理图

设 $a(t)$、$v(t)$、$s(t)$ 分别表示单维度运动物体的加速度信号、速度信号和位移信号，加速度信号经过一次积分得到速度信号，速度信号进行一次积分得到的位移信号，其关系可以表述为

$$\int a(t)\mathrm{d}t = v(t) + c_0 \qquad (3-1)$$

$$\int v(t)\mathrm{d}t = s(t) + c_1 \qquad (3-2)$$

式（3-1）和式（3-2）中 c_0 和 c_1 为常数项，其中 c_0 与起始时刻的物体运动速度、加速度信号采样误差等因素相关；c_1 与起始时刻的物体运动位移、速度信号的积分精度等因素相关。

因此加速度 $a(t)$ 和位移 $s(t)$ 之间的关系可以表示为

$$\iint a(t)\mathrm{d}t = s(t) + c_0 t + c_1 \qquad (3-3)$$

由式（3-3）可知，运动物体在某个确定维度（方向）上加速度与位移之间存在二次积分关系，可以通过监测采集运动物体的加速度信号，并进行二次积分后得到运动物体的位移信号，即物体在运动维度（方向）上的平动轨迹。这种关系被称为加速度 - 位移二次积分转换原理。

同时，由式（3-3）可知，c_0、c_1 等参数对加速度 - 位移二次积分转换关系影响显著：当 c_0 不为零时，位移 $s(t)$ 将呈现出以 c_0 为斜率随时间累积变化的一次函数特征；当 c_1 不为零时，位移 $s(t)$将呈现出在某个固定位移量基础上变化的特征。

当加速度–位移转换原理应用于舞动轨迹监测时，需注意以下几点。

（1）即使忽略导线自身的扭转特征，仅考虑导线舞动的平动特征，舞动加速度测量也不是单一维度测量，需要开展竖直方向、水平垂直线路方向、水平顺线路方向等三个不同方向加速度测量，并进行不同方向矢量合成，具体合成方法见第 3.1.2 节。

（2）由于导线上任意一点的舞动轨迹必定是在有限范围内变化，位移 $s(t)$不应含有随时间变化的一次函数分量，即 c_0 应为零。因此，加速度积分的起始时刻应选在导线运动速度为零的时刻。同时，积分过程中应考虑加速度采样误差造成的信号失真：对于因直流电源供电产生的加速度传感器直流偏置误差，一般采用均值消除其影响，具体见第 3.2.1 节；对于大量高频噪声叠加引起的信号采样误差，一般采用滤波的方法剔除高频干扰信号的影响，具体见第 3.2.2 节。

（3）由于 c_1 对位移 $s(t)$的影响明显，微小的加速度或速度误差均会造成位移 $s(t)$较显著的误差，因此，必要时需要选择合适的积分方法并对位移信号进行修正处理，具体见第 3.2.3 节和第 3.2.4 节。

3.1.2 三维位移矢量合成原理

在三维空间内，任意一点的位移矢量均可以表示为两两互相正交的三个维度对应位移矢量的合成。在本节 3.1.1 中单维度加速度–位移转换的基础上，如果可以获取另外两个维度的加速度信息，便可以得到三维空间坐标系下测量点的总位移。

图 3–2 为三维空间位移合成示意图，其中 OX、OY、OZ 满足 $OX \perp OY \perp OZ$，

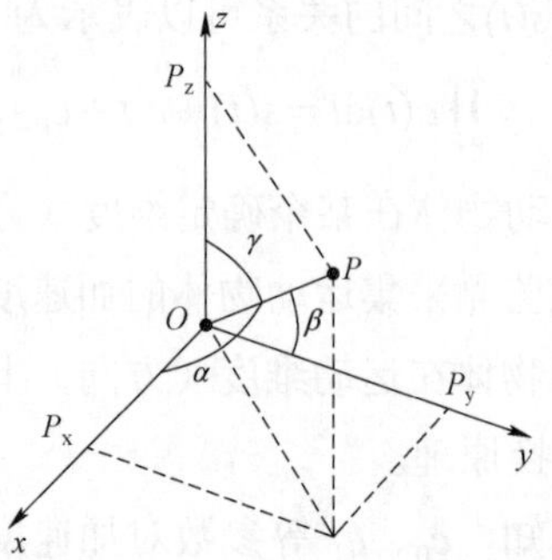

图 3–2 三维空间位移合成示意图

在三维空间中，当传感器从 O 点运动到 P 点，两点的位移矢量可以表示为 $\vec{p}$，其中 $\vec{p}_x$、$\vec{p}_y$ 和 $\vec{p}_z$ 分别为位移矢量 OP 在三个坐标轴上的投影，α、β、γ 分别为位移矢量 OP 与三个坐标轴的夹角。

根据矢量合成原理，可以得出传感器移动的位移和方向角分别可以表示为

$$|\vec{p}| = \sqrt{\left|\vec{p}_x\right|^2 + \left|\vec{p}_y\right|^2 + \left|\vec{p}_z\right|^2} \qquad (3-4)$$

$$\begin{cases} \alpha = \arccos\left(\dfrac{|\vec{p}_x|}{|\vec{p}|}\right) \\[2mm] \beta = \arccos\left(\dfrac{|\vec{p}_y|}{|\vec{p}|}\right) \\[2mm] \gamma = \arccos\left(\dfrac{|\vec{p}_z|}{|\vec{p}|}\right) \end{cases} \qquad (3-5)$$

因此，对于导线舞动轨迹监测，首先利用三个正交方向上加速度二次积分到各个方向上的平动位移，然后利用式（3-4）和式（3-5）的矢量合成公式，便可以得到测量点的总位移矢量，即监测点在空间三个方向上的舞动平动轨迹。

3.2　数 据 处 理 方 法

由第 3.1 节可知，在加速度数据二次积分过程中，积分常数项会导致位移函数的失真，需要进行相应的修正处理。一般数据处理流程如图 3-3 所示，首先将采集

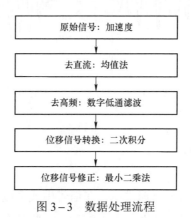

图 3-3　数据处理流程

到的加速度信号进行信号去均值处理，去除加速度信号中的直流项；其次对信号进行滤波处理，去除加速度信号中的白噪声；随后对信号进行两次数值积分处理，将加速度信号转化为位移信号；最后对位移曲线进行修正，得到最终的舞动位移信号。

接下来，以单一维度加速度信号处理为例，介绍相关数据处理的方法。为清晰的表征数据处理方法的过程和效果，这里将以模拟理想信号为例开展介绍。

当风、覆冰等环境因素作用于输电线路导线时，导线将会开始摆动、微风振动、舞动等各种形式的运动。当环境因素越复杂，导线舞动或振动的运行形式也越复杂。以舞动为例，在发生舞动时，导线可能叠加着高频的振动信号。现根据舞动特点假设舞动时的加速度信号为拍波信号，可表达为

$$a(t) = 20\sin(2\pi t)\sin(0.2\pi t) \qquad (3-6)$$

为了便于分析积分后出现的位移失真问题，在仿真时选取两个周期的加速度信号进行分析，加速度信号的周期为 $10s$，幅值的最大值为 $20m/s^2$。由于实际信号采集过程中会受到外围环境的影响，采集到的加速度信号一般都含有较小直流分量、大量噪声信号等，所以这里在拍波信号的基础上加入 $1m/s^2$ 的直流分量和大量的白噪声来模拟现场采集到的加速度信号，最大限度地模拟真实情况。原始模拟舞动加速度信号和加入直流分量和噪声的模拟舞动加速度信号如图 3-4 和图 3-5 所示。

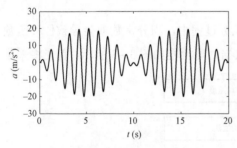
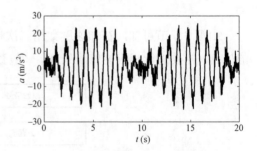

图 3-4　模拟理想舞动加速度信号　　　　图 3-5　模拟舞动加速度信号

3.2.1　均值法去直流

由于加速度传感器一般为直流供电，在信号中或多或少会存在直流分量，同时加速度传感器输出电压信号在基准值上下波动，这些都会造成积分误差。所以在积

分前必须去除直流分量。去除直流分量较常用的方法是平均值去直流法。即算出所采集的各个点的平均值

$$\overline{X} = \frac{1}{n} \sum_{i=0}^{i=n-1} x_i \qquad (3-7)$$

然后将采集到的各点的值减去平均值，得到

$$\overline{x}_i = x_i - \overline{X}(i = 0, 1, 2, \cdots, n-1) \qquad (3-8)$$

去直流前后的加速度信号曲线对比如图 3−6 所示。从图 3−6 中看出，加速度信号中的直流分量基本上被去除了。

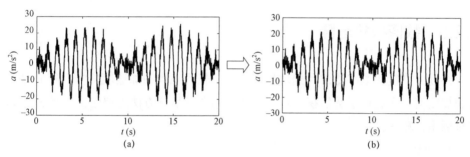

图 3−6 去直流前后加速度信号曲线
（a）去直流前加速度信号；（b）去直流后加速度信号

3.2.2 信号数字滤波

舞动频率主要在 0.1～3Hz，但是实际中导线的运动频率包含有大量的高频成分。在对采集到的加速度信号经去均值后，仍有大量高频噪声叠加其中，可以采用数字低通滤波器对其进行滤波，如巴特沃斯滤波器。巴特沃斯滤波器具有在通频带内频率响应曲线平坦的特点，没有起伏，而在阻频带则逐渐减小到零。在振幅与角频率的波特图上，从某一边界角频率开始，随着频率的增加幅度逐渐下降，趋于负无穷大，但是，此滤波器的阶数越高，滤波后信号的相移就越大。

当巴特沃斯数字低通滤波器设置为三阶，采样频率 $f_s = 100\text{Hz}$，截止频率 $f_c = 10\text{Hz}$ 时，既能有效滤波，又可减少信号滤波时的相移，实时性高。叠加有噪声信号的加速度信号滤波前后得到的曲线如图 3−7 所示，两者比较表明该滤波器在三阶滤波时具有良好的实际效果。

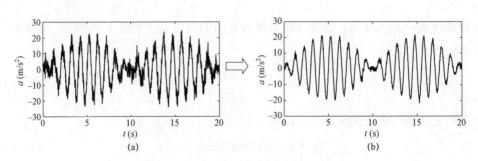

图 3-7　数字滤波前后加速度信号曲线

（a）数字滤波前加速度信号；（b）数字滤波后加速度信号

3.2.3　数值积分运算

经过去均值和数字滤波预处理后，得到了较为纯粹的加速度信号，随后对处理后的加速度信号进行了数值积分运算。常见的数值积分方法主要包括频域积分算法和时域积分算法。

1. 频域积分方法

频域积分首先对所采集的加速度信号时域信号做傅里叶变换，然后再进行积分运算，即

$$F\left[\int_{-\infty}^{t}f(t)\mathrm{d}t\right]=\frac{1}{jk}F[f(t)] \tag{3-9}$$

式中　F——傅里叶变换；

　　　$f(t)$——采集到的加速度的时域信号；

　　　j——单位虚数；

　　　k——傅里叶分量对应的频率。

由式（3-9）可知，通过傅里叶变换可以将积分运算转变为除法运算，然后将计算结果进行傅里叶逆变换处理，取其实部即可分别得出所求的时域内的速度、位移信号。其具体计算过程如下。

首先，对加速度信号 a 做傅里叶变换得

$$A(k)=\sum_{n=0}^{N-1}a_n\mathrm{e}^{-j2\pi kn/N} \tag{3-10}$$

其次，对加速度信号进行第一次积分得

$$V(n) = \frac{A}{jk} = \sum_{k=0}^{N-1} \frac{1}{j2\pi\Delta f} H(k) a_n e^{-j2\pi kn/N} \qquad (3-11)$$

最后，对速度信号进行第二次积分得

$$S(n) = -\frac{A}{k^2} = \sum_{k=0}^{N-1} \frac{1}{(-2\pi k\Delta f)^2} H(k) a_n e^{-j2\pi bn/N} \qquad (3-12)$$

$$H(k) = \begin{cases} 1(f_d \leqslant k\Delta f \leqslant f_u) \\ 0(其他) \end{cases} \qquad (3-13)$$

式中　Δf——频率分辨率；

f_d 和 f_u——下限、上限截止频率，为数据点数；

n——数组长度。

2. 时域积分算法

数值时域积分的算法众多，常见的主要有梯形积分法和辛普森积分法。

梯形积分方法主要是选用梯形代替矩形计算定积分近似值，其原理如图 3-8 所示。其思想是求若干个梯形的面积之和，该点的函数值决定了该点所在的梯形的上下底长。这些梯形左上角和右上角都在被积函数曲线上。这样，这些梯形的面积之和就约等于函数定积分的近似值。

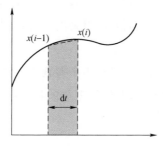

图 3-8　梯形积分法

由于梯形积分算法具有方法简单、计算时间短等优点，得到了广泛的应用。但是梯形积分算法也存在着一定的局限性，由于其只是近似计算，对于长时间的计算会形成较大的积累误差，对于计算结果精度要求不高的情况下可以简单、快速的得出计算结果。

辛普森积分算法的思想主要是将连续三个测点用抛物线公式进行拟合，用抛物线与坐标轴之间围成的面积即为该范围内的积分近似值，其原理如图 3-9 所示。

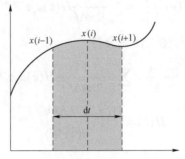

图 3-9　辛普森积分法

这些微元面积之和就约等于函数定积分的近似值，其数学表达式为

$$y_i = \frac{1}{6}\sum_{j=1}^{i}(x_{j-1} + 4x_j + x_{j+1})\,\mathrm{d}t \quad (i=1,2,\cdots,n-1) \qquad (3-14)$$

式中　n——数组长度；

　　　x_i——被积分数据；

　　　y_i——积分后的数据；

　　　$\mathrm{d}t$——积分间隔时间。

对比于梯形积分数值算法而言，辛普森积分算法具有精度高、时间快等优点，更加适用于长时间的在线监测，因此可以采用辛普森积分方法对去直流和去噪声之后的信号进行处理。

图 3-10 和图 3-11 分别展示了利用辛普森积分法对滤波后的加速度信号进行两次积分后得到实际位移曲线和无任何干扰的拍波信号经两次积分得到的理论位移曲线。

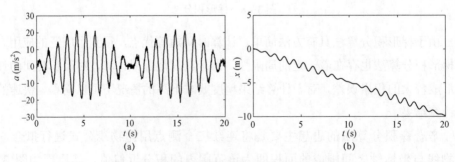

图 3-10　实际加速度曲线和实际位移曲线对比

（a）加速度信号曲线；（b）未加修正的位移信号曲线

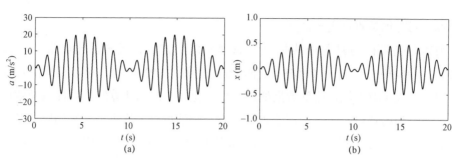

图 3 – 11　理论加速度曲线和理论位移曲线对比

（a）理论加速度信号曲线；（b）理论位移信号曲线

比较图 3 – 10 和图 3 – 11 可知，信号即使经过去均值和数字滤波后滤除了多数干扰信号，但是长时间积分后的位移曲线还是严重失真。其原因是经过上述预处理后的信号中仍然含有一小部分噪声信号。

假设残余的噪声信号为 Δa，一次积分后得到 $\Delta v(t)$

$$\Delta v(t) = \int \Delta a(t)\mathrm{d}t \qquad （3 – 15）$$

二次积分后得到 $\Delta s(t)$

$$\Delta s(t) = \int \Delta v(t)\mathrm{d}t \qquad （3 – 16）$$

可以看出，随着积分时间的增加，Δs 的值逐渐增大，最终完全淹没真实位移信号，使位移曲线完全失真。

综合比较而言，频域积分虽然可以有效避免时域积分中数据的误差在积分过程中的累积放大，但是对于低频信号的处理，其相应的 k 值较小，加速度传感器低频精度较差，所以频域积分的重要误差来源是低频段误差，在积分处理时通常要考虑传感器测试频率的下限。因此，这里使用时域积分算法，虽然长时间积分后的位移曲线会严重失真，但可以通过下一步的位移曲线修正算法，去除噪声的影响。

3.2.4　位移曲线修正运算

由上述数值积分部分可知，微小的误差经过长时间的积分，都有可能完全淹没真正的位移信号，所以必须对最后的位移信号做综合修正处理。假设残余噪声信号为 Δa，二次积分后的位移误差 $\Delta s(t) = \int \left(\int \Delta a(t)\mathrm{d}t \right)\mathrm{d}t$，可以看出 Δs 呈二次多项式的趋势增大，这里称 Δs 为趋势项。因此消除趋势项是基于加速度测量舞动轨迹的重

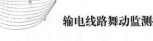

点内容，同时也是难点之一。

消除趋势项的方法与曲线拟合的原理相似，方法种类多，比如最小二乘法（LSM）、经验模态分解法（EMS）、平滑优先方法（SPM）等。可以根据测试数据的分布特点来选取方法，达到数据处理的最优化。考虑到计算的实时性以及数值积分后误差趋势的特点，一般选用多项式最小二乘法拟合二次多项式来消除趋势项。

对于一个给定数据点 $(x_i, y_i), 0 < i < n$ 的数组，可用式（3-17）的阶多项式进行拟合，即

$$f(x) = a_0 + a_1 x + a_2 x^2 + \cdots = \sum_{k=0}^{n} a_k x^k \qquad (3-17)$$

为了拟合出的曲线尽可能反映给定数据的变化趋势，将所有拟合数据与给定数据做差，使差值最小，即

$$|\delta_i| = |f(x_i) - y_i| \qquad (3-18)$$

为实现上述目标，可以计算式（3-18）的最小平方和，即

$$\min \left[\sum_{i=1}^{N} (\delta_i)^2 \right] = \sum_{i=1}^{N} (f(x_i) - y_i)^2 \qquad (3-19)$$

以上算法所确定拟合函数 $f(x)$ 的方法即为最小二乘法。根据最小二乘原则，确定上述多项式 $f(x)$ 中的系数 $a_k (0 \leqslant k \leqslant n)$ 则各拟合数据与原数据差值的平方和为拟合函数的系数，即

$$S(a_0, a_1, \cdots, a_n) = \min \left[\sum_{i=1}^{N} (\delta_i)^2 \right] = \sum_{i=1}^{N} (f(x_i) - y_i)^2 \qquad (3-20)$$

为使式（3-20）取最小，则其关于 $a_k (0 \leqslant k \leqslant n)$ 的一阶导数应该为零，即有

$$\frac{\partial S}{\partial a_0} = \sum_{i=1}^{N} 2[f(x_i) - y_i] = 0 \Rightarrow \sum_{i=1}^{N} 2[f(x_i) - y_i] = 0 \Rightarrow \sum_{i=1}^{N} f(x_i) = \sum_{i=1}^{N} y_i$$

$$\frac{\partial S}{\partial a_1} = \sum_{i=1}^{N} 2x_i [f(x_i) - y_i] = 0 \Rightarrow \sum_{i=1}^{N} x_i [f(x_i) - y_i] = 0 \Rightarrow \sum_{i=1}^{N} x_i f(x_i) = \sum_{i=1}^{N} x_i y_i$$

$$\frac{\partial S}{\partial a_k} = \sum_{i=1}^{N} 2k x_i^k [f(x_i) - y_i] = 0 \Rightarrow \sum_{i=1}^{N} k x_i^k [f(x_i) - y_i] = 0 \Rightarrow \sum_{i=1}^{N} x_i^k f(x_i) = \sum_{i=1}^{N} x_i^k y_i$$

$$\frac{\partial S}{\partial a_n} = \sum_{i=1}^{N} 2n x_i^n [f(x_i) - y_i] = 0 \Rightarrow \sum_{i=1}^{N} n x_i^n [f(x_i) - y_i] = 0 \Rightarrow \sum_{i=1}^{N} x_i^n f(x_i) = \sum_{i=1}^{N} x_i^n y_i$$

$$(3-21)$$

将式（3-21）写成矩阵形式

$$\begin{pmatrix} N & \sum\limits_{i=1}^{N} x_i & \cdots & \sum\limits_{i=1}^{N} x_i^k & \cdots & \sum\limits_{i=1}^{N} x_i^n \\ \sum\limits_{i=1}^{N} x_i & \sum\limits_{i=1}^{N} x_i^2 & \cdots & \sum\limits_{i=1}^{N} x_i^{k+1} & \cdots & \sum\limits_{i=1}^{N} x_i^{n+1} \\ \vdots & \vdots & \ddots & \vdots & \ddots & \vdots \\ \sum\limits_{i=1}^{N} x_i^k & \sum\limits_{i=1}^{N} x_i^{k+1} & \cdots & \sum\limits_{i=1}^{N} x_i^{2k} & \cdots & \sum\limits_{i=1}^{N} x_i^{n+k} \\ \vdots & \vdots & \ddots & \vdots & \ddots & \vdots \\ \sum\limits_{i=1}^{N} x_i^n & \sum\limits_{i=1}^{N} x_i^{n+1} & \cdots & \sum\limits_{i=1}^{N} x_i^{n+k} & \cdots & \sum\limits_{i=1}^{N} x_i^{2n} \end{pmatrix} \begin{pmatrix} a_0 \\ a_1 \\ \vdots \\ a_k \\ \vdots \\ a_n \end{pmatrix} = \begin{pmatrix} \sum\limits_{i=1}^{N} y_i \\ \sum\limits_{i=1}^{N} x_i y_i \\ \vdots \\ \sum\limits_{i=1}^{N} x_i^k y_i \\ \vdots \\ \sum\limits_{i=1}^{N} x_i^n y_i \end{pmatrix} \quad (3-22)$$

式中　　N——总的数据量。

通过克莱姆法则计算式（3-22），从而得到拟合函数各次系数 $a_k(0 \leqslant k \leqslant n)$。

鉴于无限制的提高拟合的阶数，其效果不会有相应比例提高，而且阶数越高，其计算周期越长，所以一般都拟合为一阶或二阶，即一次线性和二次抛物线拟合。由式（3-23）可得二次拟合表达为

$$\begin{pmatrix} N & \sum\limits_{i=1}^{N} x_i & \sum\limits_{i=1}^{N} x_i^2 \\ \sum\limits_{i=1}^{N} x_i & \sum\limits_{i=1}^{N} x_i^2 & \sum\limits_{i=1}^{N} x_i^3 \\ \sum\limits_{i=1}^{N} x_i^2 & \sum\limits_{i=1}^{N} x_i^3 & \sum\limits_{i=1}^{N} x_i^4 \end{pmatrix} \begin{pmatrix} a_0 \\ a_1 \\ a_2 \end{pmatrix} = \begin{pmatrix} \sum\limits_{i=1}^{N} y_i \\ \sum\limits_{i=1}^{N} x_i y_i \\ \sum\limits_{i=1}^{N} x_i^2 y_i \end{pmatrix} \Rightarrow y = a_0 + a_1 x + a_2 x^2 \quad (3-23)$$

通过不断的修改函数参数使程序符合实验要求，并使信号中的趋势项最接近于实际趋势，最终达到最好的去趋势效果。这里将未经修正处理的位移曲线与经过二次多项式去趋势项修正后的曲线比较，如图 3-12 所示。图 3-12 中可以看出，经过最小二乘法去除趋势项后的位移曲线比较真实地体现了舞动轨迹。

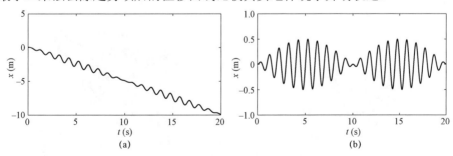

图 3-12　修正前后的位移曲线图

（a）修正前的位移曲线；（b）修正后的位移曲线

3.3　监测系统构成

基于加速度传感器的舞动监测系统一般由前端传感单元、塔上基站、后台服务器、客户端等四大部分构成，如图 3-13 所示。

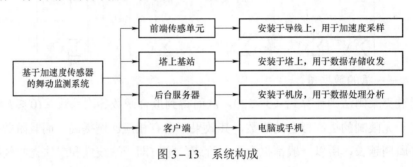

图 3-13　系统构成

3.3.1　前端传感单元

前端传感单元安装于导线上，内部构成一般包括四个部分：加速度采集模块、无线传输模块、电源管理模块和供电系统。加速度采集模块用来测量输电线路监测节点处的三个方向的加速度。无线传输模块用于前端传感单元和塔上基站之间的信号传递，一般选用低功耗的 Zigbee 无线通信技术。为了实现监测系统的长时间工作，前端单元采用电池供电并配备有太阳能充电模块和电源管理模块，用于提升电池的续航能力，设备具有休眠功能可以减少功耗，延长使用时间。常见的前端传感器单元如图 3-14 所示。

图 3-14　前端传感单元

舞动的频率在 0.1～3Hz，而常见的加速度传感器低频截止频率大多为 0.5～1Hz。为确保舞动监测数据的精度，加速度采集模块应选择专用超低频型加速度传感器，确保±5%频率响应幅值误差远小于 0.1Hz。同时，应选用高分辨率和低噪声的传感器，避免低频测量时累积误差；传感器的外壳应尽可能采用隔热保护套，减小环境温度变化对传感器低频信号输出的影响；传感器应尽量考虑使用绝缘底座以避免任何由对地回路引起的噪声影响测量信号；应考虑传感器安装处的被测结构应变对传感器输出的影响。

一个前端传感单元的轨迹测量结果仅表征安装点位置的舞动轨迹。对于整档线路的舞动轨迹测量，需要安装多个传感器综合表征。当发生单半波舞动时，需要至少在档距中央 1/2 处安装 1 个前端传感单元。当发生双半波舞动时，需要至少在档内 1/4、3/4 处共计安装 2 个前端传感单元。当发生三半波舞动时，需要至少在档内 1/6、1/2、5/6 处共计安装 3 个前端传感单元。由于线路舞动模态一般以前三阶为主，综合监测效果与安装成本，可选在档内 1/5、1/2、4/5 处共计安装 3 个前端传感器单元。当需要对档内舞动形态进行精细监测时，前端传感单元的数量应进一步增加。

3.3.2　塔上基站

塔上基站安装于输电杆塔上，内部构成一般包括 5 个部分：前端数据无线接收模块、数据存储模块、低功耗控制模块、控制电路板、电源管理模块和供电系统、远端通信模块，如图 3－15 所示。前端数据无线接收模块用于接收前端传感单元的实时采集数据，一般选用 Zigbee 无线接收模块。数据存储模块用于存储一定量的数

图 3－15　塔上基站

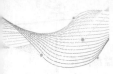

据，避免在通信不畅的情况下采集数据丢失。低功耗控制模块可以基于不同工况条件启动与休眠监测系统，确保系统在有限电能供给下尽量长时间工作。控制电路板用于驱动无线接收模块及低功耗控制芯片。电源管理模块和供电系统包含电池和太阳能充电模块，为整个系统提供电能。远端通信模块负责将基站存储数据信号发送至后台。

3.3.3　后台服务器与客户端

后台服务器安装于控制中心或变电站的机房，具体功能包括远程通信功能、数据存储功能、数据处理功能、数据显示功能、危险值预警功能。远程通信功能负责接受基站发送的数据，并向基站发送控制命令。数据存储功能主要负责数据有序存储和快速调用。数据处理功能包括加速度均值发去直流程序、信号采样程序、数字滤波程序、核心积分算法、位移去趋势算法、运算及其取值程序、舞动频率分析等。数据显示功能包括单点轨迹曲线显示、舞动频率显示、基于多点舞动轨迹的线路形态拟合。危险值预警功能可以设定某个阈值，当线路舞动幅值大于该值时，通过网页标识或短信等形式发出预警。

客户端为分散在不同地理位置或网络位置的电脑手机等终端，可以通过后台服务器实现对数据查看和调用，典型客户端软件界面如图 3–16 所示。

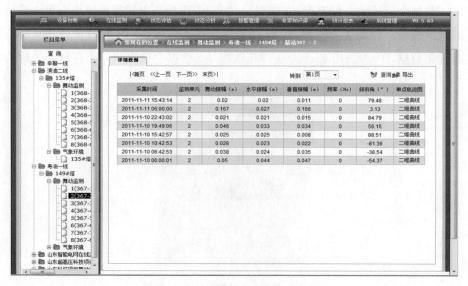

图 3–16　典型客户端软件界面

数据处理算法根据线路上每个传感器安装位置得到的线路舞动水平幅值和垂直幅值，计算得到每个安装位置的合成幅值；根据单点的舞动水平幅值变化或垂直幅值变化，计算得到舞动的频率；基于多点的舞动幅值变化，可以拟合出一档线路的舞动变化趋势，计算得到舞动的阶次。

3.4　应用实例

基于加速度传感器的舞动监测装置已经在河南、山东、山西、重庆、陕西、上海、江苏、浙江、安徽、辽宁、吉林、新疆维吾尔自治区等 12 个省（自治区）20 条运行线路应用 50 余套装置。但尚没有公开文献报道这些工程应用案例中监测到舞动现象。因此，这里重点介绍郑州尖山输电线路舞动防治技术实验室的应用案例。

郑州尖山输电线路舞动防治技术实验室的 500kV 紧凑型真型试验线路段，导线型号为 6×LGJ300/40，三相呈倒三角布置，档距为 298m，如图 3−17 所示。在同一档内的 10 个不同位置安装了 10 个三维加速度传感器（LGM−50B 型），在塔上则安装了一台 WSNB 型线路监测基站。线路上的加速度传感器和塔上的监测基站通过 ZigBee 无线通信协议建立联系，加速度传感器的数据发送到监测基站后，经过积分转换为位移信息，然后通过网络发回后台服务器。图 3−18 为前端传感器单位元安装于导线上的实景照片。各个传感器的具体布置位置如图 3−19 和表 3−1 所示。

图 3−17　真型试验线路

图 3-18 安装在线路上的驱动监测装置前端传感器单元

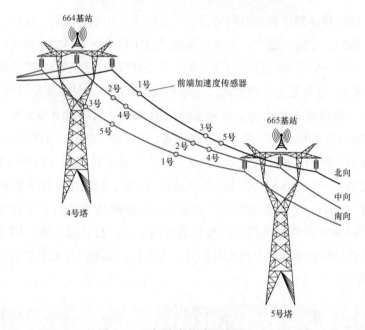

图 3-19 加速度传感器布置方式

表 3-1 三维加速度传感器配置信息一览表

编号	监测装置	安装位置	主要功能应用
1	基于加速度的动态轨迹测量（664 基站）	4 号塔	1 号（北相、距离 4 号：90m） 2 号（中相、距离 4 号：90m） 3 号（南相、距离 4 号：90m） 4 号（中相、距离 4 号：120m） 5 号（南相、距离 4 号：150m）
2	基于加速度的动态轨迹测量（665 基站）	5 号塔	1 号（南相、距离 5 号：190m） 2 号（中相、距离 5 号：190m） 3 号（北相、距离 5 号：190m） 4 号（中相、距离 5 号：120m） 5 号（北相、距离 5 号：120m）

利用加速度传感器对整档试验线路在不同风速情况下的舞动情况进行了监测，表 3-2 详细地给出了在不同风速情况下测出的舞动幅值、垂向幅值、横向幅值和舞动频率。不同风速时各测点的舞动轨迹见图 3-20～图 3-22。

表 3-2　　　　　　　　　风速 6.7m/s 条时各测点的舞动监测数据

风速（m/s，有效值）	所在相	测点编号及位置	舞动幅值（m）	垂向振幅（m）	横向振幅（m）	舞动频率（Hz）
6.7	南相	664.3（L/6）	0.55	0.24	0.55	0.38
		664.5（L/4）	0.40	0.40	0.12	0.38
		665.1（5L/6）	0.42	0.42	0.19	0.38
	中相	664.2（L/6）	0.20	0.10	0.17	0.36
		664.4（L/4）	0.17	0.06	0.17	0.33
		665.2（3L/4）	0.11	0.07	0.11	0.37
		665.4（5L/6）	0.15	0.05	0.14	0.33
	北相	664.1（L/6）	0.97	0.33	0.95	0.46
		665.5（5L/6）	1.40	0.43	1.37	0.46
11.7	南相	664.3（L/6）	2.11	1.22	1.79	0.29
		664.5（L/4）	1.98	1.67	1.49	0.37
		665.1（5L/6）	2.16	1.39	2.13	0.32
	中相	664.2（L/6）	2.18	0.68	2.14	0.41
		664.4（L/4）	1.71	0.60	1.69	0.27
		665.2（3L/4）	3.20	0.87	3.15	0.52
		665.4（5L/6）	1.47	0.45	1.45	0.32
	北相	664.1（L/6）	3.53	1.09	3.53	0.36
		665.5（5L/6）	2.67	1.21	2.64	0.37

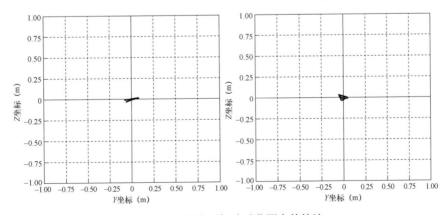

图 3-20　导线不舞动时监测点的轨迹

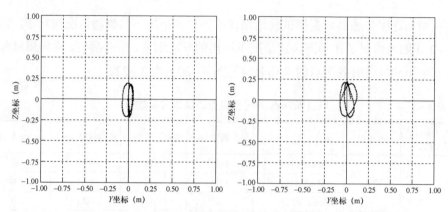

图 3-21 导线舞动幅值较小扭转特征不显著时监测点的轨迹

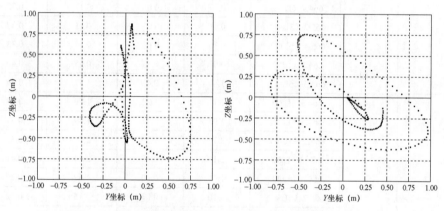

图 3-22 导线舞动幅值较大扭转特征较显著时监测点的轨迹

第4章 基于IMU的舞动监测技术

随着舞动研究的深入，发现输电线路在舞动时不仅发生垂直、水平方向的振动，还多发生扭转，而基于加速度传感器的舞动监测技术只能感知自身载体坐标系下的加速度变化，当载体坐标系与地理坐标系由于导线扭转而存在夹角时，会导致地心引力作用下的重力加速度在载体坐标系上产生分量，从而导致测得的舞动加速度失真，最终无法得到准确的舞动幅值等参数。因此，为解决输电线路舞动时扭转的影响，获得更为准确的舞动数据，出现了利用惯性测量单元（inertial measurement unit，IMU）的舞动监测技术。

4.1 基 本 原 理

IMU是一个由多个传感器构成的系统单元，一般包括三个单轴的加速度传感器和三个单轴的陀螺仪，某些IMU还包括三轴磁力计。加速度传感器用于测量被测物体在载体坐标系中三个方向的加速度信号，陀螺仪用于测量被测物相对于地理坐标系的角速度信号，磁力计测量磁倾角信号，并以此解算出被测物的姿态。

IMU舞动监测系统获取输电线路舞动时的三轴角速度、三轴加速度以及磁倾角，通过姿态融合算法对测量装置进行姿态调整并滤除重力加速度，然后结合边界条件对加速度进行积分获得输电线路的三维舞动轨迹，同时结合无线传输技术和太阳能技术，实现对输电线路舞动轨迹的实时监测。系统要解决的关键问题在于根据IMU监测单元的采集数据进行后续分析处理，经过一系列舞动轨迹还原算法得到输电线路上各被测点的位移时程，进而实现被测点高精度实时运动轨迹的还原。同时，为即时了解整体输电线路的舞动情况，一般在整条线路上按照一定的规则分布安装多个IMU监测单元。IMU舞动监测系统构架示意图如图4-1所示。

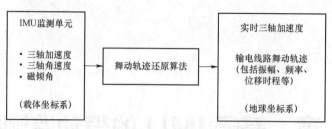

图 4-1　IMU 舞动监测系统构架示意图

4.2　数据分析与处理

在监测系统对输电线路的舞动监测中，利用 IMU 中的加速度传感器能够实现对输电线路舞动时的位移监测，理论上通过对采集的加速度数据进行两次积分可得到位移数据，但在实际监测中采集到的加速度信号数据，由于放大器随温度变化产生的零点漂移、传感器的频率范围外低频性能的不稳定以及传感器周围的环境干扰等影响因素，往往会产生较大的趋势项，加之积分过程误差的累积以及监测单元在运动过程中旋转导致的重力加速度分量都极大地影响了测量位移的准确度。

因此，为解决以上问题，IMU 舞动监测系统需利用后端监控中心的数据分析软件对数据进行处理。但 IMU 装置有六轴（三轴加速度计，三轴陀螺仪）的，也有九轴（三轴加速度计，三轴磁力计，三轴陀螺仪）的，相应的数据处理算法也有六轴算法和九轴算法，主要区别是九轴算法利用三轴磁力计的数据进一步修正了加速度数据。

本节主要以六轴算法为例，介绍相应的数据处理算法，包括预处理、数字滤波、坐标变换、积分等处理，最后拟合出输电线路位移的变化曲线，数据处理流程如图 4-2 所示。随后再简要介绍一种常见的 IMU 九轴算法。

IMU 舞动监测系统首先将 IMU 监测单元采集的信号进行预处理，消除信号的直流分量及趋势项。其次利用数字滤波法对信号进行滤波，消除信号中的随机噪声信号。之后进行坐标转换，滤除信号的重力加速度分量。最后通过积分运算实现对被测点速度与位移的重建。

接下来本节将按照上述数据处理流程，对上述环节进行详细的描述。

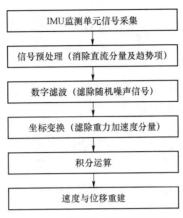

图 4 - 2　数据处理流程示意图

4.2.1　信号预处理

由于采集过程中传感器受到温度漂移及周围环境干扰的影响，在输电线路舞动监测中采集到的信号含有直流分量以及严重的趋势项。直流分量及趋势项的存在对积分变换有很大的影响，得到的位移曲线可能产生畸变甚至失真。因此首先需要对采集数据进行消除直流分量及趋势项的处理，消除直流分量及趋势项有多种方法都可以实现，本书中选择用去均值的方法消除直流分量，用最小二乘法来消除趋势项。

1. 消除直流分量

去除直流分量一般选用去均值的方法，即首先计算 N 个采样点的平均值

$$\bar{x} = \frac{1}{N} \sum_{i=0}^{N-1} x_i \tag{4-1}$$

然后用数据点的值减去平均值

$$X_i' = X_i - \bar{X}(i = 0, 1, 2, \cdots, N-1) \tag{4-2}$$

2. 最小二乘法消除趋势项

（1）最小二乘法建模原理。消除趋势项的方法与曲线拟合的原理相似，拟合函数可以选用多项式、指数函数、三角函数等，可以根据测试数据的分布特点来选取，这里选用多项式最小二乘法消除趋势项。

设 $[u_n]$ 以 h 为采样间隔的数据采样序列 $(n = 1, 2, 3, \cdots, N)$，现用 K 阶多项式 U_n 来拟合趋势项，令

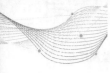

$$U_n = \sum_{k=0}^{K} b_k (nh)^k \ (n=1,2,3,\cdots,N) \qquad (4-3)$$

式中　b_k——多项式的系数。

U_n 点的集合是 u_n 中多项式元素的估计，根据最小二乘法原理，定义中间函数 $E(h)$ 为估计值与真实值之间的误差

$$E(h) = \sum_{n=1}^{N} (u_n - U_n)^2 = \sum_{n=1}^{N} \left[u_n - \sum_{k=0}^{K} b_k (nh)^2 k \right]^2 \qquad (4-4)$$

误差 $E(h)$ 按最小二乘法求极小值，将式（4-4）对 b_j 取偏导数，并令其为零，则有

$$\frac{\partial E}{\partial b_j} = \sum_{k=1}^{N} 2 \left[u_n - \sum_{k=0}^{K} b_k (nh)^k \right] \left[-(nh)^j \right] = 0 \qquad (4-5)$$

整理后，可得出 $k+1$ 个方程如下

$$\sum_{k=0}^{K} b_k \sum_{n=1}^{N} (nk)^{k+j} = \sum_{n=1}^{N} u_n (nh)^j \ (j=0,1,2,\cdots,K) \qquad (4-6)$$

在式（4-6）中，只要求出拟合趋势项系数 b_k，就可以得出趋势项的估计多项式，但对于很大的 K 值，按照一般的代数方法计算很复杂，也很容易出错，本书采用矩阵的方法，利用计算机编程，能够方便求出趋势项系数 b_k，从而求得趋势项。

（2）趋势项多项式一般模型的递推求解。令 $\sum = \sum_{n=1}^{N}$，则：当 $K=0$ 时，得趋势项 b_0 实际上就是均值；当 $K=1$ 时，得趋势项系数矩阵

$$\begin{bmatrix} b_0 \\ b_1 \end{bmatrix} = \begin{bmatrix} N & h\sum n \\ \sum n & h\sum n^2 \end{bmatrix}^{-1} \begin{bmatrix} \sum u_n \\ \sum n u_n \end{bmatrix} \qquad (4-7)$$

当 $K=2$ 时，得趋势项系数矩阵

$$\begin{bmatrix} b_0 \\ b_1 \\ b_2 \end{bmatrix} = \begin{bmatrix} N & h\sum n & h^2\sum n^2 \\ \sum n & h\sum n^2 & h^2\sum n^3 \\ \sum n^2 & h\sum n^3 & h^2\sum n^4 \end{bmatrix} \begin{bmatrix} \sum u_n \\ \sum n u_n \\ \sum n^2 u_n \end{bmatrix} \qquad (4-8)$$

以此类推，当 $K = s(0 \leqslant s < N/2)$ 时，得趋势项系数矩阵

$$
\begin{bmatrix} b_0 \\ b_1 \\ b_2 \\ \vdots \\ b_s \end{bmatrix} = \begin{bmatrix} N & h\sum n & h^2\sum n^2 & \cdots & h^s\sum n^s \\ \sum n & h\sum n^2 & h^2\sum n^3 & \cdots & h^s\sum n^{s+1} \\ \sum n^2 & h\sum n^3 & h^2\sum n^4 & \cdots & h^s\sum n^{s+2} \\ \vdots & \vdots & \vdots & \ddots & \vdots \\ \sum n^s & h\sum n^{s+1} & h^2\sum n^{s+2} & \cdots & h^s\sum n^{s+s} \end{bmatrix} \begin{bmatrix} \sum u_n \\ [nu_n] \\ n^2 u_n \\ \vdots \\ n^s u_n \end{bmatrix} \tag{4-9}
$$

式（4-9）就是趋势项系数矩阵的模型，将该模型带入式（4-3），就可以得到趋势项多项式的一般模型。

4.2.2　数字滤波

对于消除了直流分量及趋势项的信号来说，需要进一步通过数字滤波消除信号中的随机噪声信号。数字滤波法中的现代滤波器是从含有噪声的信号中估计出有用的信号和噪声信号。这种方法是把信号和噪声本身都视为随机信号，利用其统计特征，如自相关函数、互相关函数、自功率谱、互功率谱等引导出信号的估计算法，然后利用数字设备实现。目前主要有维纳滤波、卡尔曼滤波、自适应滤波等，本书中选择使用卡尔曼滤波法实现信号降噪。

卡尔曼滤波是一种高效率的递归滤波器（自回归滤波器），它能够从一系列包含噪声的测量中估计动态系统的状态。卡尔曼滤波是一种递归的估计，即只要获知上一时刻状态的估计值以及当前状态的观测值就可以计算出当前状态的估计值，因此不需要记录观测或者估计的历史信息。卡尔曼滤波器与大多数滤波器不同之处，在于它是一种纯粹的时域滤波器，它不需要像低通滤波器等频域滤波器那样，需要在频域设计再转换到时域实现。

本节通过基于双状态预测的卡尔曼滤波器对加速度信号进行滤波，可以有效地滤除加速度传感器输出中的随机噪声信号。该滤波器中，基于加速度传感器系统统计特性的测量模型被用来估计加速度传感器输出数据，同时也被用来估计系统的未来状态。通过使用卡尔曼增益变量，该滤波器输出的信号满足系统噪声和均方误差最小的要求。

卡尔曼滤波器模型如图 4-3 所示，其推导过程如下。

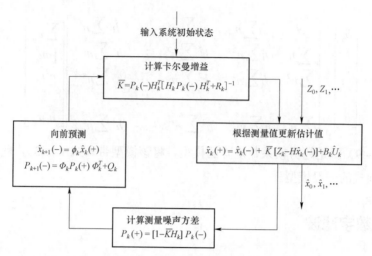

图 4-3 卡尔曼滤波器模型

设卡尔曼滤波器的模型为

$$\boldsymbol{x}_{k+1} = \boldsymbol{\varphi}_k \boldsymbol{x}_k + \boldsymbol{\omega}_k \tag{4-10}$$

$$\boldsymbol{\varphi}_k = \begin{bmatrix} 1 & 0 & 0 & \mathrm{d}t_k & 0 & 0 \\ 0 & 1 & 0 & 0 & \mathrm{d}t_k & 0 \\ 0 & 0 & 1 & 0 & 0 & \mathrm{d}t_k \\ 0 & 0 & 0 & 1 & 0 & 0 \\ 0 & 0 & 0 & 0 & 1 & 0 \\ 0 & 0 & 0 & 0 & 0 & 1 \end{bmatrix} \tag{4-11}$$

式中　$\boldsymbol{x}_k$ ——系统状态方程；

　　　$\boldsymbol{\omega}_k$ ——系统噪声；

　　　$\boldsymbol{\varphi}_k$ ——状态转移矩阵。

则在噪声环境下，系统的测量方程为

$$\boldsymbol{Z}_k = \boldsymbol{H}\boldsymbol{x}_k + \boldsymbol{V}_k \tag{4-12}$$

$$\boldsymbol{H} = \begin{bmatrix} 1 & 0 & 0 & 0 & 0 & 0 \\ 0 & 1 & 0 & 0 & 0 & 0 \\ 0 & 0 & 1 & 0 & 0 & 0 \end{bmatrix} \tag{4-13}$$

式中　$\boldsymbol{V}_k$ ——测量噪声；

　　　$\boldsymbol{H}$ ——测量矩阵。

由于噪声 $\boldsymbol{\omega}_k$ 和 $\boldsymbol{V}_k$ 的均值分别为零，则噪声平均方差分别为

$$Q_k = E[\boldsymbol{\omega}_k \boldsymbol{\omega}_k^{\mathrm{T}}] \tag{4-14}$$

$$R_k = E[\boldsymbol{v}_k \boldsymbol{v}_k^{\mathrm{T}}] \tag{4-15}$$

估计误差平均方差

$$P_k = E[\boldsymbol{x}_k \boldsymbol{x}_k^{\mathrm{T}}] \tag{4-16}$$

卡尔曼滤波器估计模型为

$$\hat{\boldsymbol{X}}_k(+) = \hat{\boldsymbol{X}}_k(-) + \bar{\boldsymbol{K}}[z_k - H\hat{x}_k(-)] \tag{4-17}$$

状态预测模型为

$$\hat{\boldsymbol{X}}_{k+1}(-) = \boldsymbol{\varphi}_k \hat{\boldsymbol{X}}_k(+) \tag{4-18}$$

式中　　$\bar{\boldsymbol{K}}$——卡尔曼增益。

之后，将加速度状态加入卡尔曼滤波器模型，将式（4-10）、式（4-11）改写为

$$x_{k+1} = \boldsymbol{\varphi}_k x_k + \boldsymbol{\omega}_k + \boldsymbol{B}_k U_k \tag{4-19}$$

$$z_{k+1} = H x_k + f \boldsymbol{\varphi}_k \tag{4-20}$$

式中　　U_k——加速度状态。

$$\hat{\boldsymbol{U}}_k = [a_x, a_y, a_z] \tag{4-21}$$

$$\boldsymbol{B}_k = \begin{bmatrix} \mathrm{d}t_k^2/2 & 0 & 0 \\ 0 & \mathrm{d}t_k^2/2 & 0 \\ 0 & 0 & \mathrm{d}t_k^2/2 \\ \mathrm{d}t_k & 0 & 0 \\ 0 & \mathrm{d}t_k & 0 \\ 0 & 0 & \mathrm{d}t_k \end{bmatrix} \tag{4-22}$$

因此，添加新状态后的卡尔曼时间更新方差为

$$\hat{x}_{k+1}(-) = \boldsymbol{\varphi}_k \hat{x}_k(+) \tag{4-23}$$

$$P_{k+1}(-) = \boldsymbol{\varphi}_k P_k(+) \boldsymbol{\varphi}_k^{\mathrm{T}} + Q_k \tag{4-24}$$

状态更新方程为

$$\bar{\boldsymbol{K}} = P_k(-) H_k^{\mathrm{T}} [H_k P_k(-) H_k^{\mathrm{T}} + R_k]^{-1} \tag{4-25}$$

$$P_{k+1}(-) = \boldsymbol{\varphi}_k P_k(+) \boldsymbol{\varphi}_k^{\mathrm{T}} + Q_k \tag{4-26}$$

$$P_k(+) = [1 - \bar{\boldsymbol{K}} H_k] P_k(-) \tag{4-27}$$

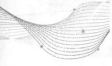

4.2.3 坐标变换

由于追踪过程中目标物体会出现空间翻转,则重力加速度会在加速度传感器 X、Y、Z 轴方向引起偏移分量。此时加速度传感器的 X、Y、Z 轴不再与被追踪物体的绝对运动空间坐标 X、Y、Z 轴重合。此外,重力加速度还将在加速度传感器 X、Y、Z 轴上产生偏移分量,因此利用积分公式算出来的结果将出现巨大的误差。为解决此问题,IMU 舞动监测系统通过陀螺仪来识别目标物体的空间姿态,将第 4.2.2 节处理后的数据通过坐标变换的方式滤除重力加速度的偏移分量。

设目标物体的空间运动所在的坐标系为绝对坐标系 $OXYZ$,加速度传感器 X、Y、Z 轴组成的坐标系为相对坐标系 $OX_bY_bZ_b$。如图 4-4 所示,由 $OXYZ$ 到 $OX_bY_bZ_b$ 变换过程为:

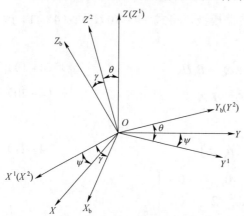

(1) $OXYZ$ 坐标系按右手规则绕 Z 轴旋转 Ψ 得到 $OX^1Y^1Z^1$ 坐标系;

(2) $OX^1Y^1Z^1$ 坐标系按右手规则绕 X 轴旋转 θ 得到 $OX^2Y^2Z^2$ 坐标系;

(3) $OX^2Y^2Z^2$ 坐标系按右手规则绕 Y 轴旋转 γ 得到 $OX_bY_bZ_b$ 坐标系。

图 4-4 对坐标系 $OXYZ$ 与相对坐标系 $OX_bY_bZ_b$

由此可得

$$\begin{bmatrix} x_b \\ y_b \\ z_b \end{bmatrix} = \begin{bmatrix} \cos\gamma & 0 & -\sin\gamma \\ 0 & 1 & 0 \\ \sin\gamma & 0 & \cos\gamma \end{bmatrix} \begin{bmatrix} 1 & 0 & 0 \\ 0 & \cos\theta & \sin\theta \\ 0 & -\sin\theta & \cos\theta \end{bmatrix} \begin{bmatrix} \cos\psi & \sin\psi & 0 \\ -\sin\psi & \cos\psi & 0 \\ 0 & 0 & 1 \end{bmatrix} \begin{bmatrix} x \\ y \\ z \end{bmatrix}$$

$$= \begin{bmatrix} \cos\gamma\cos\psi + \sin\gamma\sin\theta\sin\psi & \cos\gamma\sin\psi - \sin\gamma\sin\theta\cos\psi & -\sin\gamma\cos\theta \\ -\cos\theta\sin\psi & \cos\theta\cos\psi & \sin\theta \\ \sin\gamma\cos\psi + \cos\gamma\sin\theta\sin\psi & \sin\gamma\cos\psi - \cos\gamma\sin\theta\cos\psi & \cos\gamma\cos\theta \end{bmatrix} \begin{bmatrix} x \\ y \\ z \end{bmatrix}$$

$$= \begin{bmatrix} T_{11} & T_{12} & T_{13} \\ T_{21} & T_{22} & T_{23} \\ T_{31} & T_{32} & T_{33} \end{bmatrix} \begin{bmatrix} x \\ y \\ z \end{bmatrix} = C_n^b \begin{bmatrix} x \\ y \\ z \end{bmatrix}$$

$$(4-28)$$

式中 C_n^b——旋转矩阵。

式（4−28）展示了绝对坐标系 $OXYZ$ 与相对坐标系 $OX_bY_bZ_b$ 之间的变换关系。舞动监测系统若需利用此变换关系求得重力加速度在 X_b、Y_b、Z_b 轴上的偏移分量，则必须已知旋转矩阵。

系统采用欧拉法求取旋转矩阵中的参数 Ψ、θ 和 Y。设坐标系 $OX_bY_bZ_b$ 相对坐标系 $OXYZ$ 的角速度向量 ω 为

$$\boldsymbol{\omega}=[\omega_x \quad \omega_y \quad \omega_z]^{\mathrm{T}} \tag{4−29}$$

沿坐标系 $OX_bY_bZ_b$ 的投影为

$$
\begin{bmatrix} \omega_x \\ \omega_y \\ \omega_z \end{bmatrix} =
\begin{bmatrix} \cos\gamma & 0 & -\sin\gamma \\ 0 & 1 & 0 \\ \sin\gamma & 0 & \cos\gamma \end{bmatrix}
\begin{bmatrix} 1 & 0 & 0 \\ 0 & \cos\theta & \sin\theta \\ 0 & -\sin\theta & \cos\theta \end{bmatrix}
\begin{bmatrix} 0 \\ 0 \\ \psi \end{bmatrix} +
\begin{bmatrix} \cos\gamma & 0 & \sin\gamma \\ 0 & 1 & 0 \\ \sin\gamma & 0 & \cos\gamma \end{bmatrix}
\begin{bmatrix} \theta \\ 0 \\ 0 \end{bmatrix} +
\begin{bmatrix} 0 \\ Y \\ 0 \end{bmatrix}
$$

$$
=\begin{bmatrix} -\sin\gamma\cos\theta & \cos\gamma & 0 \\ \sin\theta & 0 & 1 \\ \cos\gamma\cos\theta & \sin\gamma & 0 \end{bmatrix}
\begin{bmatrix} \dot{\psi} \\ \dot{\theta} \\ \dot{Y} \end{bmatrix}
\tag{4−30}
$$

由式（4−30）得

$$
\begin{bmatrix} \dot{\psi} \\ \dot{\theta} \\ \dot{Y} \end{bmatrix} =
\frac{1}{\cos\theta}
\begin{bmatrix} -\sin\gamma & 0 & \cos\gamma \\ \cos\gamma\sin\theta & 0 & \sin\gamma\cos\theta \\ \sin\gamma\sin\theta & \cos\theta & -\sin\theta\cos\gamma \end{bmatrix}
\begin{bmatrix} \omega_x \\ \omega_y \\ \omega_z \end{bmatrix}
\tag{4−31}
$$

式（4−31）即为欧拉微分方程，式中 ω_x、ω_y、ω_z 为陀螺仪输出分量。通过解此微分方程便可求出参数 Ψ、θ 和 Y 的数值。所以重力加速度在加速度传感器 X、Y、Z 轴的分量为

$$
\begin{bmatrix} g_x \\ g_y \\ g_z \end{bmatrix} =
\begin{bmatrix} \cos\gamma\cos\psi+\sin\gamma\sin\theta\sin\psi & \cos\gamma\sin\psi-\sin\gamma\sin\theta\cos\psi & -\sin\gamma\cos\theta \\ -\cos\theta\sin\psi & \cos\theta\cos\psi & \sin\theta \\ \sin\gamma\cos\psi+\cos\gamma\sin\theta\sin\psi & \sin\gamma\sin\psi-\cos\gamma\sin\theta\cos\psi & \cos\gamma\cos\theta \end{bmatrix}
\begin{bmatrix} 0 \\ 0 \\ g \end{bmatrix}
\tag{4−32}
$$

因此，当输电线路上的节点在舞动时存在空间翻转时，IMU 舞动监测系统需用实际测得的加速度减去重力加速度在该轴上的分量，然后再通过积分运算求得输电线路上节点在相对空间中的运动瞬时速度和位移。当积分运算完成后，需再次使用式（4−28）求出输电线路上节点在绝对空间中的瞬时运动速度与位移。

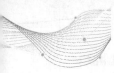

4.2.4　速度与位移重建

对于 IMU 舞动监测系统来说，其最终目的为：将采集的输电线路舞动数据转化为输电线路舞动轨迹。由于频域的二次积分受低频误差影响较大，而频域的一次积分受低频误差影响要小一些。时域的二次积分会产生较大的累积误差，而时域的一次积分产生的累积误差要小些，如果再通过最小二乘法拟合去除一次误差项，会使总误差更小。由此本节提出了两次时域积分再加两次滤波的方法，具体做法是首先进行时域一次积分后利用零相移滤波算法消除累计误差后，再进行时域二次积分，之后利用零相移滤波算法消除加分累计误差，从而实现误差减小。

本节根据频域 – 时域的混合积分的方法来计算输电线路上监测单元的相对位移，具体方法如下。

利用梯形积分法计算导线上节点的运动速度。如图 4 – 5 所示，横轴为时间轴，纵轴为运动速度，$a(t)$ 为随时间变化的加速度，即 MEMS 加速度传感器的输出值。在该速度 – 时间曲线图中，任意 t 时刻的加速度为曲线上对应点的斜率。

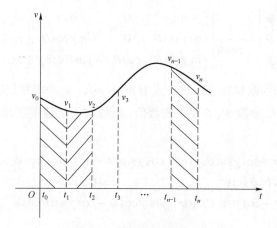

图 4 – 5　速度 – 时间曲线

假定从 t_0 时刻开始采样，速度 $v(t)$ 和加速度 $a(t)$ 的计算关系为

$$v(t) = v(t_0) + \int_{t_0}^{t} a(t)\mathrm{d}t \tag{4-33}$$

由于 MEMS 加速度传感器的输出值为一组离散数据，根据高等数学和数值分析，将时间 – 速度曲线分解为若干个直角梯形，令初始条件 $v(t_0) = 0$，则有

$$v(t) = \int_{t_0}^{t} a(t)\mathrm{d}t = \frac{a(t_0) + a(t_1)}{2}(t_1 - t_0) + \frac{a(t_2) + a(t_1)}{2}(t_2 - t_1) + \cdots$$
$$+ \frac{a(t_n) + a(t_{n-1})}{2}(t_n - t_{n-1}) \tag{4-34}$$

由 $t_1 - t_0 = t_2 - t_1 = \cdots = t_n - t_{n-1} = \Delta t$，其中 Δt 为加速度传感器采用的时间间隔。当 $n > 1$ 时，离散域中

$$v[n] = \sum_{k=1}^{n} \frac{a(t_2) + a(t_1)}{2} \Delta t \tag{4-35}$$

因此只要知道系统的初始速度 $v[0]$ 和初始加速度便可求出导线上节点的运动速度。但是当 n 比较大时，要进行大量的计算，并消耗大量的系统资源储存从 0 至 n 时刻的加速度。为了简化计算过程，系统采用迭代的方法。

根据式（4-35）式得

$$v[n] - v[n-1] = \frac{a[n] + a[n-1]}{2} \Delta t \tag{4-36}$$

由式（4-36）得

$$v[n] = \frac{a[n] + a[n-1]}{2} \Delta t + v[n-1] \tag{4-37}$$

IMU 舞动监测系统通过 MEMS 加速度传感器输出输电线路上节点的三维空间加速度。因此，三维空间导线上节点沿加速度传感器 X、Y、Z 轴方向上的瞬时运动速度分别为

$$\bar{v}_x[t] = \frac{\bar{a}_x[t] + \bar{a}_x[t - \Delta t]}{2} \Delta t + \bar{v}_x[t - \Delta t] \tag{4-38}$$

$$\bar{v}_y[t] = \frac{\bar{a}_y[t] + \bar{a}_y[t - \Delta t]}{2} \Delta t + \bar{v}_y[t - \Delta t] \tag{4-39}$$

$$\bar{v}_z[t] = \frac{\bar{a}_z[t] + \bar{a}_z[t - \Delta t]}{2} \Delta t + \bar{v}_z[t - \Delta t] \tag{4-40}$$

由时域积分的误差分析可知，积分后的信号 v 中包含一次误差项。采用最小二乘法进行一次拟合，然后去掉这个一次项。

设拟合后的函数为 $\phi(t) = Ct + D$。设

$$l_1 = \sum_{i=1}^{n} i, \quad l_2 = \sum_{i=1}^{n} i^2, \quad R = \sum_{i=1}^{n} v(i), \quad U = \sum_{i=1}^{n} t(i)v(i)$$

拟合式 $\begin{bmatrix} n & l_1 \\ l_1 & l_2 \end{bmatrix}\begin{bmatrix} D \\ C \end{bmatrix} = \begin{bmatrix} R \\ U \end{bmatrix}$，则 C 和 D 表达为

$$C = \frac{-l_1 R + nU}{nl_2 - l_1^2} \tag{4-41}$$

$$D = \frac{-l_2 R + RU}{nl_2 - l_1^2} \tag{4-42}$$

式中 n——采样点；

$\quad$ $t(i)$——第 i 点的时间；

$\quad$ $v(i)$——第 i 点一次积分后的值。

则一次积分后的值为

$$v'(i) = v(i) - Ct(i) - D \tag{4-43}$$

按照式（4-43）就可以精确得到加速度的一次积分后的速度－时间关系。

在计算位移时，将得到的速度信号在频域上积分，具体做法如下。

首先将得到的速度的离散信号 $v'(t)$ 在时间 t 内采集 N 个数据，信号的傅里叶变换的归一离散形式为

$$V(k) = \frac{1}{N}\sum_{n=0}^{N-1} v(n)\mathrm{e}^{-\mathrm{j}\frac{2\pi}{N}kn}\ (k = 0,1,\cdots,N-1) \tag{4-44}$$

对应的傅里叶反变换的归一化离散形式为

$$v(n) = \frac{1}{N}\sum_{n=0}^{N-1} V(k)\mathrm{e}^{\mathrm{j}\frac{2\pi}{N}kn}\ (n = 0,1,\cdots,N-1) \tag{4-45}$$

速度 $v(n)$ 经离散傅里叶变换后得到速度在频域内的 $V(k)$ 为一个长度为 N 的复数，它的第 k 个数据 $V(k) = V(k\Delta f) = V(k/T) = a_k + \mathrm{j}b_k$，代表 $v(n)$ 中频率为 k/T 的分量 v_k。

$$v_k = A_k \cos\left(2\pi kt/T + \varphi_k\right) \tag{4-46}$$

$$A_k = \sqrt{a_k^2 + b_k^2}$$

$$\varphi_k = \arctan(b_k/a_k)$$

式中 A_k——v_k 的幅值。

可以将 $v(n)$（$0 < n < N-1$）进行傅里叶变换为

$$V(k) = \sum_{n=0}^{N-1}\left[A_k \cos\left(2\pi kt/T + \varphi_k\right)\right] \tag{4-47}$$

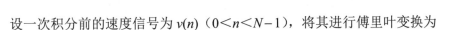

设一次积分前的速度信号为 $v(n)$ （$0 < n < N-1$），将其进行傅里叶变换为

$$V(k) = \sum_{n=0}^{N-1} v(n) \mathrm{e}^{-\mathrm{j}\frac{2\pi}{N}kn} \ (0 < n < N-1) \tag{4-48}$$

将每一个频率分量的信号值 $A(k)$ 转换为一次积分后的值。由于一次积分值与输入信号相位相差 $90°$ ，则对应于该频率分量多的一次积分值 $S(k)$ 为

$$S(k) = s_{1k} + s_{2k} \tag{4-49}$$

$$s_{1k} = \frac{A_k}{\omega_k} \cos\left(\varphi_k - \frac{\pi}{2}\right) \tag{4-50}$$

$$s_{2k} = \frac{A_k}{\omega_k} \sin\left(\varphi_k - \frac{\pi}{2}\right) \tag{4-51}$$

$$A_k = \sqrt{a_k^2 + b_k^2}$$

$$\varphi_k = \arctan(b_k / a_k)$$

$$\omega_k = 2\pi k / T$$

根据式（4-51）将 $S(k)$ 做离散傅里叶变换，即可得到对应于输入信号 $v(n)$ 的较精确的一次积分后的位移－时间曲线。

4.2.5　导线舞动判定方法及初始位置的确定

为准确获取导线舞动的轨迹，必须获取开始进行积分的初速度值。为便于分析计算，选取初速度为 0 点作为起始位置。按照一般近似圆周运动特点分析可知：

（1）当水平加速度最大时，垂直加速度为零，水平速度为零；

（2）当水平加速度为零时，垂直加速度最大，垂直速度为零。

根据上述分析，可对起舞阶段四分之一周期内的水平加速度和垂直加速度进行分析。具体做法是，研究实验现场实测数据，统计分析起舞时的周期特性和起舞阶段时的水平加速度最大值与垂直加速度最大值之间的相位差关系。如果水平加速度最大值与垂直加速度最大值之间的时间差 Δt 刚好为起舞阶段周期的四分之一，则判定导线开始舞动。

判定开始起舞后，分别从 x、y、z 三个方向的加速度最大值点开始积分，此时各个方向的初始速度为零。在合成最终的三维舞动轨迹时，补偿各个方向积分存在的时间差。

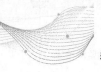

4.2.6　基于九轴信号的数据处理算法

Sebastian O.H.Madgwick 2011 年提出基于九轴传感器的姿态估计算法，其核心思想是将用加速度计和磁力计通过梯度下降法得到的姿态四元数，与由陀螺仪积分得到的姿态，进行线性融合，得到最优的姿态。

IMU 算法目标函数为 min F，如式（4−52），其中

$$f = {}_E^S q^* \otimes {}^E b_0 \otimes {}_E^S q - {}^S m$$

式中：符号 $\otimes$ 为四元数乘法（quaternion product）；${}_E^S q$ 为传感器坐标系相对于地球绝对坐标系的单位姿态四元数；${}_E^S q^*$ 为其共轭；${}^E b_0 = [0 \quad b_x \quad 0 \quad b_z]$ 为单位化的地磁场向量；${}^S m = [0 \quad m_x \quad m_y \quad m_z]$ 为校正后的单位化的磁力计读数。

则由磁力计基于梯度下降法得到的姿态四元数为 ${}_E^S q_{\Delta,t}$，如式（4−53），其中

$$\nabla F = \nabla f f$$

同时由陀螺仪估计得到的四元数为 ${}_E^S q_{\omega,t}$，如式(4−54)，其中 ${}^S \omega = [0 \quad \omega_x \quad \omega_y \quad \omega_z]^T$ 为陀螺仪读数，Δt 为采样时间间隔。融合部分采用 Sebastian 论文中的方法，最后得到的姿态四元数为 ${}_E^S q_{\text{est},t}$，如式（4−55），其中参数 β 需要根据传感器噪声水平通过实验进行确定。磁力计使用前，要进行校正，估算出硬铁和软铁矩阵。得到四元数之后可以通过计算转换成旋转矩阵。九轴扭转估计算法流程图如图 4−6 所示。

$$\min \ F = 0.5 f^T f \tag{4−52}$$

$${}_E^S q_{\nabla,t} = {}_E^S q_{\text{est},t-1} - \mu_t \nabla F / \|\nabla F\| \tag{4−53}$$

$${}_E^S q_{\omega,t} = {}_E^S q_{\text{est},t-1} + 1/2 {}_E^S q_{\text{est},t-1} \otimes {}^S \omega \Delta t \tag{4−54}$$

$${}_E^S q_{\text{est},t} = {}_E^S q_{\text{est},t-1} + \left(1/2 {}_E^S q_{\text{est},t-1} \otimes {}^S \omega - \beta \nabla F / \|\nabla F\|\right) \Delta t \tag{4−55}$$

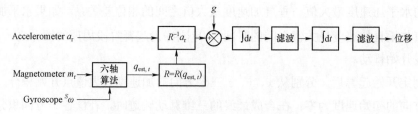

图 4−6　九轴算法还原流程图

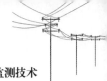

4.3　基于 IMU 的舞动监测系统

基于 IMU 的舞动监测技术实现的监测系统包括硬件系统及软件系统两部分，硬件系统主要包括安装在输电线路上的 IMU 监测单元及塔上基站，软件系统包括数据解析模块、数据存储模块、数据计算模块及数据显示模块。IMU 舞动监测系统的结构框图如图 4-7 所示。IMU 监测单元安装在输电线路的不同监测节点上，对线路的舞动信息进行采集，并利用无线网络将信息发送给塔上基站，塔上基站对信息进行初步处理，通过光纤网络传输的方式输出有效数据到软件系统，软件系统经各模块分析处理后得到输电线路的位移变化信息，并根据相关信息对输电线路下一步的位移变化做出预测，得到输电线路的轨迹变化图。

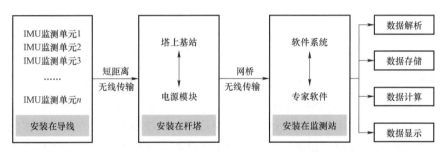

图 4-7　IMU 舞动监测系统结构框图

4.3.1　系统硬件

1. IMU 监测单元

IMU 监测单元包括四个部分：IMU、无线传输模块、供电系统和电源管理模块。其中 IMU 用来测量输电线路监测节点处的运动状态信息，例如三轴加速度、三轴角速度和磁倾角；无线传输模块用于 IMU 监测单元和塔上基站之间的信号传递，选用 Zigbee 无线模块；为了实现实时数据采集，延长工作时间，IMU 监测单元采用太阳能-锂聚合物电池协同供电系统；电源管理模块能够为惯性测量单元提供稳定、持续的电源。太阳能-锂聚合物电池协同供电的模式可以保证舞动监测节点能够长期稳定的工作，延长了测量装置的续航时间，从而实现输电线路舞动的在线实时监测。电源管理模块除了负责锂聚合物电池的充放电外，还起到驱动惯性测量单元和 Zigbee 无线模块正常工作的作用。IMU 监测单元四个部分之间的关系如图 4-8 所示。

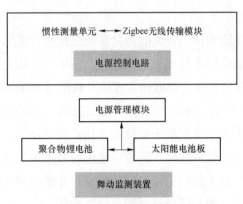

图 4-8　IMU 监测单元结构组成示意图

2. 塔上基站

塔上基站包括五个部分：无线接收模块、低功耗控制芯片、控制电路板、变压器及多串口转网口服务器。其中无线接收模块用于接收 IMU 监测单元的实时采集数据，选用 Zigbee 无线接收模块；低功耗控制芯片保证了采用电池供电的长时间工作场合，控制电路板用于驱动无线接收模块及低功耗控制芯片，变压器将蓄电池的输出转化为控制电路板可用的直流电，多串口转网口服务器的作用是将控制电路板输出的串口信号转换为网络数据包发送至软件系统，塔上基站的各个部分组成结构图如图 4-9 所示。

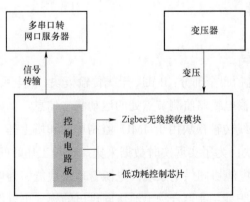

图 4-9　塔上基站的各个部分组成结构图

4.3.2 系统软件

IMU 舞动监测软件系统的主要功能为对硬件系统采集的输电线路舞动轨迹监测数据进行解析、存储、计算及显示。监测数据解析是指对由塔上基站传输到软件系统的网络数据包进行校验及识别，得到 IMU 监测单元的采集数据。监测数据存储是指将解析后的 IMU 监测单元的采集数据分类存储到数据库中。监测数据计算是指依据第 4.2 节所述的输电线路舞动轨迹还原算法对 IMU 监测单元的采集数据进行处理分析，利用姿态融合算法对 IMU 监测单元进行姿态调整并滤除重力加速度，然后结合边界条件对加速度进行积分获得输电线路的三维舞动轨迹，进而获得选定时间段内的输电线路舞动轨迹及位移时程。监测数据显示包括数据查询结果显示和舞动轨迹显示两部分，其中数据查询结果以列表的形式显示选定时间段内的 IMU 监测单元的采集数据，舞动轨迹以轨迹图和位移时程图的形式显示选定时间段内输电线路的舞动情况。监控软件的总体框架图如图 4－10 所示，根据功能可分为实时数据显示和数据处理分析两大模块。

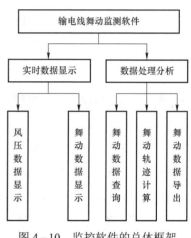

图 4－10 监控软件的总体框架

1. 实时数据显示模块

实时数据界面主要用于实时更新及显示输电线路上惯性测量传感器的监测数据，实时数据每隔 1s 刷新一次，通过该界面可以简单了解监测装置的运行情况，利用显示的舞动实时数据可以观测输电线路上各测点运动的线加速度及角速度。

2. 数据处理分析模块

数据处理分析模块不仅可以对惯性测量传感器监测的历史数据进行查询和导出，而且可以利用原始监测数据进行舞动轨迹的计算、显示和导出。其中舞动历史数据查询可以用来查询存储在数据库中特定时间段的舞动数据（包括三向加速度、三向角速度和三向磁倾角），查询的数据既可以在软件的表格中显示，也可以导出为 Excel 数据文件，方便后期对输电线路舞动进行分析。舞动轨迹计算首先获取特定时间段的舞动监测数据，然后利用姿态融合算法对载体坐标系下的三向角速度进行修正，接着对重力加速度进行滤除，最后使用时域的二次积分并进行滤波得到输电线路的舞动轨迹。根据线路上每个传感器安装位置得到的线路舞动水平幅值和垂直幅值，计算得到每个安装位置的合成幅值；根据单点的舞动水平幅值变化或垂直幅值变化，计算得到舞动的频率；基于多点的舞动幅值变化，可以拟合出一档线路的舞动变化趋势，计算得到舞动的阶次。舞动轨迹以图形和表格的形式显示，其中图形显示包括舞动轨迹显示、位移时程显示和扭转角时程显示，表格中包含各个计算时刻点的三向位移和三向扭转角，表格中的数据可以导出为 Excel 数据文件，为输电线路舞动的分析提供数据支撑。

4.4 应 用 实 例

4.4.1 真型试验线路试验

目前基于 IMU 的舞动在线监测技术在输电线路的舞动监测中现场应用较少，主要应用于试验中。下面以该系统在国网重点实验室——输电线路舞动防治技术实验室的真型输电线路舞动监测中的应用为例，来说明该系统在舞动监测中的应用效果情况。

在河南尖山真型输电线路实验基地 3、4 号杆塔之间的输电线路上共设置三个测点，分别安装有 IMU 监测单元，安装位置如图 4−11 所示，坐标系如图 4−12 所示，x 方向为导线方向。

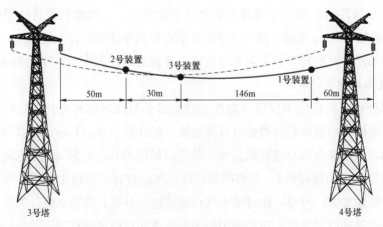

图 4−11 IMU 监测单元安装位置示意图

2015 年 6 月 22～23 日，IMU 舞动监测系统监测到了输电线路发生的一次大幅度舞动，舞动发生的时间是 6 月 22 日 23:30:00～23 日 00:30:00，记录的微气象数据表明，该时段的主导风向为南风，风速在 5～10m/s 之间波动，风速变化比较剧烈。利用 IMU 监测单元测得的舞动监测数据对输电线路的这次舞动情况分别进行了位移及运行轨迹的分析，包括舞动轨迹分析、位移时程分析及扭转角时程分析。

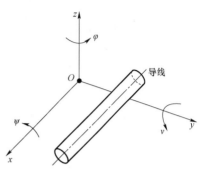

图 4-12　IMU 监测单元坐标系

1. 舞动轨迹分析

输电线路该次大幅度舞动轨迹如图 4-13 和图 4-14 所示。1 号测点与 3 号测点在不同方向的舞动幅度值如表 4-1 所示。

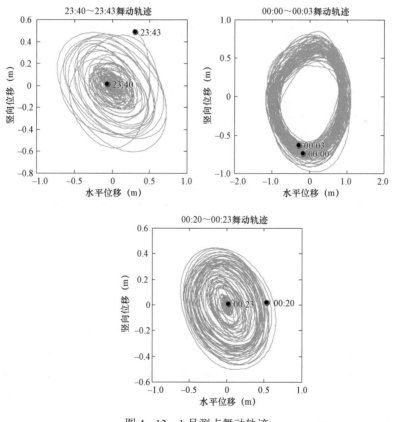

图 4-13　1 号测点舞动轨迹

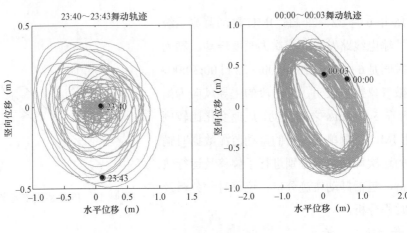

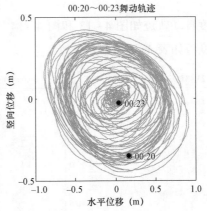

图 4-14　3 号测点舞动轨迹

表 4-1　　　　　　　　　1 号测点与 3 号测点在不同方向的舞动幅度值　　　　　　　　（cm）

舞动监测		1 号测点	3 号测点
最大舞动幅度	水平方向	118.0	137.0
	竖直方向	86.8	91.7
平均舞动幅度	水平方向	49.6	58.5
	竖直方向	31.0	31.4

可以发现，3 号测点处的舞动幅度均明显大于 1 号测点处的舞动幅度。舞动轨迹图表明，输电线路的舞动轨迹具有很强的规律性，舞动过程可以划分为小幅度振动－起舞－舞动－止舞－小幅度振动五个阶段。当输电线路处于小幅度振动阶段时，其水平舞动幅度和竖向舞动幅度接近，舞动轨迹比较杂乱；当输电线路处于起舞阶段时，其舞动幅度有明显的从小变大的过程，舞动轨迹为焦半径逐渐变大的椭圆；

当输电线路处于稳定的舞动阶段时，舞动的竖向位移大于水平位移，舞动轨迹为上尖下宽的类椭圆形状；当输电线路处于止舞阶段时，其舞动幅度有明显地从大变小的过程，舞动轨迹为焦半径逐渐变小的椭圆。

2. 位移时程分析

输电线路大幅度舞动的水平方向及竖直方向位移时程如图 4-15 所示。舞动过程经历了小幅度振动-起舞-舞动-止舞-小幅度振动五个阶段，舞动的最大振幅在 1m 左右。位移时程都具有良好的周期性。

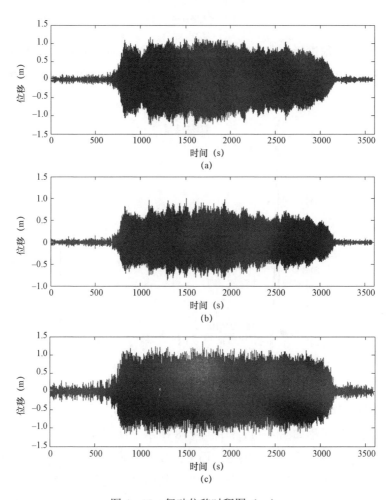

图 4-15　舞动位移时程图（一）

（a）1 号测点水平向位移时程；（b）1 号测点竖向位移时程；（c）3 号测点水平位移时程

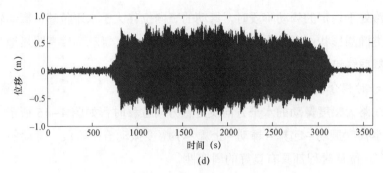

（d）

图 4-15 舞动位移时程图（二）

（d）3 号测点竖向位移时程

通过对位移时程进行功率谱分析，得到舞动的前二阶主频率分别为 0.292 97Hz 和 0.366 21Hz，如图 4-16 所示。从图 4-16 可以看出舞动以第二阶频率 0.366 21Hz 为主。

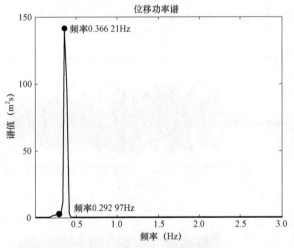

图 4-16 舞动位移时程功率谱分析

3. 扭转角时程分析

舞动的扭转角时程如图 4-17 和图 4-18 所示。从图 4-17 和图 4-18 可以发现，输电线路的扭转以 x 向扭转为主，而 y 向和 z 向的扭转角很小可以忽略不计，因为 x 方向为顺着输电线路方向，舞动产生的扭转是以线路方向为轴（即 x 方向）发生的扭转。由于输电线路的舞动经历了小幅度振动–起舞–舞动–止舞–小幅度振动五个阶段，扭转角也经历了对应的五个阶段，对比位移时程图，扭转角时程曲线与位移时程曲线相似，说明输电线路扭转角与舞动轨迹密切相关。

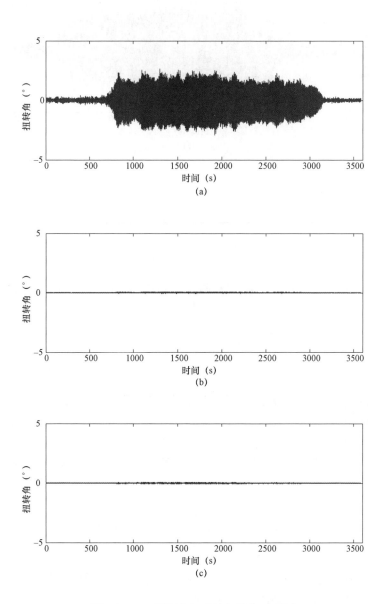

图 4－17　1 号测点舞动的扭转角时程图

（a）x 向扭转角时程图；（b）y 向扭转角时程图；（c）z 向扭转角时程图

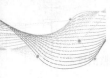
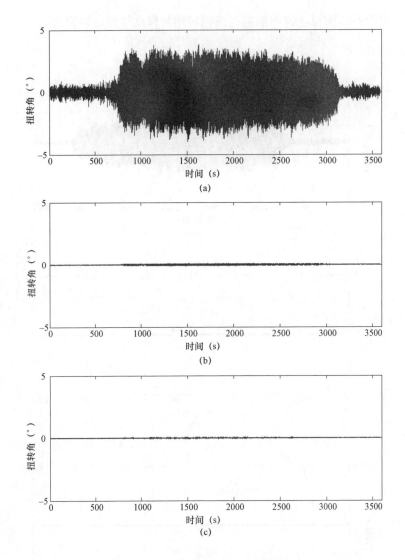

图 4-18   3 号测点舞动的扭转角时程图

(a) x 向扭转角时程图；(b) y 向扭转角时程图；(c) z 向扭转角时程图

图 4-19 所示是 3 号测点 x 向的扭转角时程功率谱和位移时程功率谱的对比图，可以发现二者的前两阶频率是完全一致的，而且每阶频率所占的比重也相同，扭转角和位移的功率谱都以第二阶频率为主，说明在输电线路的舞动是扭转和位移相互耦合的运动，即输电线路的位移会引起它的扭转，而输电线路的扭转反过来又会影响它的位移。

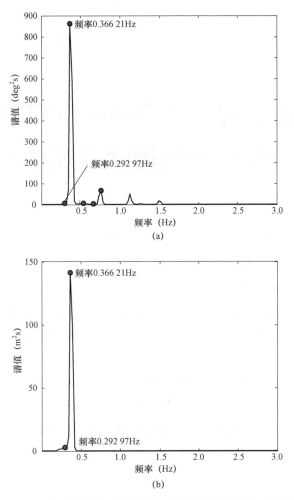

图 4-19　舞动扭转角时程功率谱和位移时程功率谱对比图
（a）扭转角时程功率谱；（b）位移功率谱

4.4.2　应用前景分析

基于 IMU 的舞动监测方法，不仅可以得到相对准确的线路舞动的振幅，而且可以得到舞动导线的扭转情况，在舞动监测中更具现实意义。只有准确监测舞动情况，才能为舞动机理研究、防舞装置开发和舞动方案确定打下坚实的基础。

第5章　基于Φ-OTDR
传感技术的舞动监测技术

随着电压等级的提升，输电线路的距离越来越长，电力光纤的规模也越来越大。截至目前，国家电网公司的电力光纤超过140万km。基于拉曼散射的分布式温度传感技术（distributed temperature sensing，DTS）、基于瑞利散射的相位敏感光时域反射（phase sensitive optical time domain reflectometry，Φ-OTDR）传感技术等全光纤测试技术的出现，改变了通信光缆单一的通信功能，使其进一步具有测试功能。

基于瑞利散射的Φ-OTDR传感技术作为光纤分布式传感技术中的一种，相对于其他分布式传感器而言，该传感信号仅对相位的动态相对变化敏感，在机理上特别适合于输电线路舞动等振动信号的测量，同时解决了温度交叉敏感的问题，具有较高的灵敏度。

5.1　理　论　基　础

5.1.1　光纤散射

从分子理论的角度出发，当光入射到介质上时，介质中的电子会被光波中的能量激发而作受迫振动，进而产生相干次波。理论上，介质中分子密度的分布是均匀的，次波相干迭加的过程也会按照几何光学规律进行；但实际上，任何物质都有特定的分子或原子结构，不存在绝对均匀的物质。如果介质不均匀结构的尺寸小于光

波的波长尺度（10^{-7}m），那么次波相干迭加会产生强度差别很大的次波源。这时除了有遵从几何光学规律传播的光线外，还有沿其他方向传播的光线，这些光线就是散射光。

　　分布式光纤传感机理主要是由光纤中的三种散射机制所决定的，包括布里渊散射、瑞利散射及拉曼散射，如图 5–1 所示。基于此，研究人员提出了基于不同散射机理的输电线路和电力光缆全光纤测试技术。如基于拉曼散射的分布式温度传感技术（DTS）、基于瑞利散射的相位敏感光时域反射传感技术（Φ–OTDR）、基于布里渊散射的光时域反射传感技术（B–OTDR）等，来监测输电线路和电力光缆的不同故障信息。

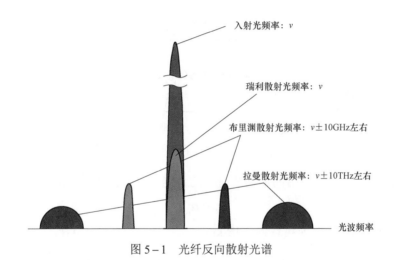

图 5–1　光纤反向散射光谱

5.1.2　瑞利散射

　　散射是光学现象中的一类，散射中的瑞利散射又称"分子散射"，在 1900 年，英国物理学家瑞利勋爵（lord rayleigh）发现了此种散射现象，并将此光学现象命名为瑞利散射。当一束光射入介质时，入射光与其中的微粒会发生弹性碰撞，由此产生瑞利散射。产生瑞利散射是有条件的，即微粒的直径与入射波波长相比，前者必须远小于后者，一般最大值约为波长的 1/10，即 1～300nm。瑞利散射光的光强与入射光波长的四次方成反比。

　　光在光纤中传输为什么会发生瑞利散射，究其根本，是因为传输介质折射率不均匀。而光纤拉制过程中的热扰动、光纤中含有的多种氧化物浓度不均匀等都是主要原因。

瑞利散射光的传播方向是向四面八方的，其中沿轴向向后传播的散射光，称为瑞利后向散射（或背向散射）。后向散射示意图如图5-2所示。光纤后向瑞利散射光的能量非常微弱，大约只有入射光能量的十万分之一，同时后向瑞利散射光只改变光在光纤中的传输方向，不改变光在光纤中的传输频率以及偏振特性等。所以，在发生后向瑞利散射的位置处，散射光的频率和偏振方向与入射光的频率和偏振方向是完全相同的。当光纤受到振动而发生形变时，后向瑞利散射的光功率会发生改变，此时返回的瑞利散射光就可以作为一种检测信号。

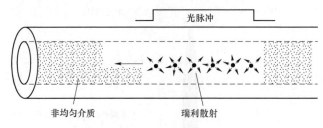

图5-2 光纤后向瑞利散射

由式（5-1）可知，后向瑞利散射光的强度与入射光波长λ相关

$$I_R = \alpha_R I \tag{5-1}$$

式中 α_R——瑞利散射损耗系数，dB/km。

$\alpha_R \propto \dfrac{1}{\lambda^4}$，当入射光波长为1550nm时，损耗系数的值一般处在0.12～0.15dB/km的范围内。对于后向瑞利散射，散射光的光功率是对其进行探测的主要参量，其可表示为

$$P(L) = S\frac{\alpha_R}{\alpha}P_0 e^{-2\alpha L}(1-e^{-\alpha W})\left(L \geqslant \frac{W}{2}\right)$$
$$P(L) = S\frac{\alpha_R}{\alpha}P_0 e^{-\alpha W}(1-e^{-2\alpha L})\left(0 \leqslant L \leqslant \frac{W}{2}\right) \tag{5-2}$$

$$S = \left(\frac{NA}{n_0}\right)^2 \frac{1}{m}$$

式中 L——光纤长度；

S——俘获系数（在单模光纤中 $m = 4.55$）；

α——光纤的总损耗系数；

W——光脉冲宽度；

P_0——入射光脉冲功率。

5.1.3　Φ – OTDR 传感技术

1. 光时域反射仪

光时域反射仪（optical time domain reflectometry，OTDR）是基于后向瑞利散射原理制成的测量仪器，使用 OTDR 可以比较方便地从光纤其中一端对其进行传感测量。OTDR 利用入射光在光纤中传输时产生的后向瑞利散射现象，向测试光纤中射入高功率、窄脉冲的激光，并在该入射端接收沿反方向返回的散射光功率，其基本结构如图 5–3 所示。入射光在沿光纤轴向传输时会发生瑞利散射，产生瑞利散射光。其中，大部分散射光会因折射效应而进入光纤包层并产生衰减现象，但是后向瑞利散射光比较特殊，它会沿着入射光反方向经由光纤回到激光的入射端。前面提到，当光纤受到振动而发生形变时，后向瑞利散射的光功率会发生改变，此时返回的瑞利散射光就可以作为一种检测信号。其光功率可以反映光纤的受力情况，而由入射端发射激光到接收后向瑞利散射光的这段时间长度，可以计算出受力点与激光入射端之间的距离。OTDR 就是通过对后向瑞利散射光功率和接收时间这两项数据的分析计算，最终实现对光纤振动监测和定位的。

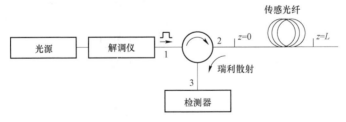

图 5–3　OTDR 基本结构

2. 相位敏感型光时域反射仪

相位敏感型光时域反射仪（phase sensitive optical time domain reflectometry，Φ–OTDR）与传统 OTDR 最大的不同就是采用了具有窄线宽和低频率漂移特性相干光源，相应极大地提高了空间分辨率（可达 1m）和振动强度分辨率。利用这种

散射光的相干性设计出的相位敏感型光时域反射系统，光纤本身既是传输媒质又是感知元件，光纤上任意一点都是传感单元，是一种真正意义上的全光纤分布式传感器。当光缆某位置发生振动时，该位置的光纤会发生应力形变，从而导致该处折射率发生改变，最终导致该处光的相位发生改变。因此，返回的发生干涉的瑞利后向散射光光强因为相位的改变而发生改变，通过与未发生振动检测到的信号进行比较，最终找出光强变化的时间对应振动的确切位置。

同时，结合先进的解调算法，Φ-OTDR 测量信噪比和准确率都比传统 OTDR 高得多，传感距离长、实时性好，非常适合输电线路振动的监测。另外，Φ-OTDR 与传统型 OTDR 结合，应用于输电线路的监测，可用单根光纤实现输电线路的振动、温度、应变等多种参量的同时监测，从而减轻输电线路不必要的重量，减少输电系统不必要的设备，实现输电线路减负及运维管理简便的目的，大幅增强电网感知的深度和广度，提升电网交互性、自动化和信息化。

如图 5-4 所示，基于瑞利后向散射的 Φ-OTDR，窄线宽激光器发出的激光，经过声光调制器（AOM）的脉冲调制，调制成重复频率为 f，脉宽为 W 的脉冲序列，经过光功率放大器的功率放大后，经过环形器注入传感光纤，在前向脉冲光遍历传感光纤时，后向瑞利散射光逆着光传播方向经环形器进入光纤干涉仪中，经过干涉仪的干涉调制，干涉信号经过光敏二极管（PD）的光电转换，进入系统的解调仪，经过相应的解调算法，解调出传感光纤处的振动信息。

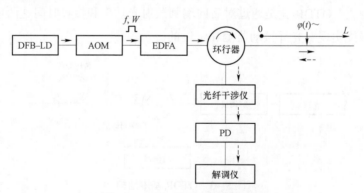

图 5-4 Φ-OTDR 系统原理图

3. 调制解调

假设被测光纤长度为 L，则在光纤上任意点 z_0 处和端点 L 处的后向瑞利散射光强分别可以表示为

$$E_1 = \int_0^{z_0} \varepsilon(t - 2z/v) r(z) \exp(-2i\beta z) \mathrm{d}z$$
$$E_2 = \int_{z_0}^{L} \varepsilon(t - 2z/v) r(z) \exp(-2i\beta z) \mathrm{d}z$$

（5–3）

式中　$\varepsilon(t)$——高相干光源在 t 时刻注入被测光纤的光脉冲；

　　　v——光纤中的光速；

　　　β——光纤的传播常数。

L 处和 z_0 处的后向瑞利散射光形成干涉，因此探测器的探测的光强为

$$I(\phi,t) = |E(\phi,t)|^2 = |E_1(t)|^2 + |E_2(t)|^2 + 2|E_1(t)||E_2(t)|\cos(2\phi + \phi_0)$$

（5–4）

式中　ϕ_0——E_1 和 E_2 的相位差；

　　　ϕ——z_0 处和 $z=0$ 处之间的相位差。

解调出 ϕ_0，即可得到传感信息。

式（5–4）中的相位 ϕ 可以通过干涉解调方法获取，本文主要利用 3×3 光纤耦合器的解调方案来获取 ϕ。

3×3 光纤耦合器是一种较成熟的干涉型光纤传感器信号解调方案，因其具有测量范围大，便于判断方向，灵敏度高等优点，被广泛应用。相对于 PGC 解调方法而言，3×3 耦合器解调方法不需要载波信号调制，大大减少了系统的复杂性，3×3 耦合器解调方法用简单的自动增益电路（AGC）得到稳定的解调因子，大大增加了系统的稳定性。

图 5–5 为基于 M–Z 干涉仪的 3×3 耦合器解调方法示意图。

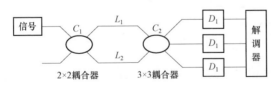

图 5–5　M–Z 干涉仪的 3×3 耦合器解调方法示意图

光源发出的光经过 2×2 耦合器构成的 M–Z 干涉仪后，进入 3×3 耦合器中，根据耦合波理论，假设一个偏振无关的无损耗 3×3 耦合器，当输入电场强分别为 $E_{i,1}$、$E_{i,2}$、$E_{i,3}$ 时，对应的输出电场强分别为 $E_{0,1}$、$E_{0,2}$、$E_{0,3}$，可表达为

$$\begin{bmatrix} E_{0,1} \\ E_{0,2} \\ E_{0,3} \end{bmatrix} = \begin{bmatrix} f & c & c \\ c & f & c \\ c & c & f \end{bmatrix} \begin{bmatrix} E_{i,1} \\ E_{i,2} \\ E_{i,3} \end{bmatrix}$$

（5–5）

式（5-5）中 f 和 c 的表达式为

$$f = \left[\exp(\mathrm{j}2k_cL) + 2\exp(-\mathrm{j}k_cL)\right]/3$$
$$c = \left[\exp(\mathrm{j}2k_cL) + 2\exp(-\mathrm{j}k_cL)\right]/3 \qquad (5-6)$$

式中　　k_c、L——3×3 耦合器的耦合系数和耦合长度。

对于 3×3 耦合器而言，理想分光比应该为 1:1:1，因此，干涉型传感器的三个输出的传感信号的电场强度可以表达为

$$I_k = A + B\cos[\varphi(t) + (k-2)2\pi/3] \qquad (5-7)$$

耦合相关的常数分别为 A、B。三个输出光强的相位差为 120°，其中 $\varphi(t)$ 是传感器的相位信号（信号臂和传感臂的相位差）。在 3×3 耦合器的末端采用完全相同的雪崩光电二极管（avalanche photodiode，APD），在任何时刻每一路信号之间探测的干涉光强信号都存在相位差 120°。这种利用三个相位差互成 120° 的输出光强解调 $\varphi(t)$ 信号的方法，就是常用的对称解调法。图 5-6 为 3×3 耦合器解调方法原理图，待测信号的相关信息通过基于 3×3 耦合器的解调方法处理后便可以获得。

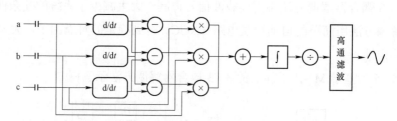

图 5-6　3×3 耦合器解调原理

该方法需要三个使用前提为三个输出光强的相位差为 2/3π，三路输出信号交流系数相等，三路输出信号直流量相等。

下面介绍 3×3 耦合器的解调方法的数学表达式，并进行相关分析。

对去直流后的三路信号 a、b、c 可表示为

$$a = I_0\cos[\varphi(t)]$$
$$b = I_0\cos[\varphi(t) - 2\pi/3]$$
$$c = I_0\cos[\varphi(t) - 4\pi/3] \qquad (5-8)$$

对 a、b、c 分别进行完全相同的微分处理，得到 d、e、f

$$d = -I_0 \dot{\varphi}(t) \sin[\varphi(t)]$$

$$e = -I_0 \dot{\varphi}(t) \sin[\varphi(t) - 2\pi/3] \qquad (5-9)$$

$$f = -I_0 \dot{\varphi}(t) \sin[\varphi(t) - 4\pi/3]$$

然后再将 a、b、c 分别与 e、f，f，d，d、e 之间的差进行乘法运算，可得

$$a(e-f) = \sqrt{3} I_0^2 \dot{\varphi}(t) \cos^2 \varphi(t)$$

$$b(f-d) = \sqrt{3} I_0^2 \dot{\varphi}(t) \cos^2[\varphi(t) - 2\pi/3] \qquad (5-10)$$

$$c(d-e) = \sqrt{3} I_0^2 \dot{\varphi}(t) \cos^2[\varphi(t) - 4\pi/3]$$

将 $a(e-f)$、$b(f-d)$、$c(d-e)$ 相加，得到

$$N = a(e-f) + b(f-d) + c(d-e) = \frac{3\sqrt{3}}{2} I_0^2 \dot{\varphi}(t) \qquad (5-11)$$

在实际环境当中，光源强度波动及偏振态变化会使 I_0 的值发生变化，为了消除 I_0 带来的影响，先把 3 个输入信号进行平方处理，可得

$$M = a^2 + b^2 + c^2 = \frac{3}{2} I_0^2 \qquad (5-12)$$

再用 N 除以 M 消去 I_0^2，得

$$P = N/M = \sqrt{3} \dot{\varphi}(t) \qquad (5-13)$$

经积分运算后输出得

$$V_{\text{out}} = \sqrt{3}\varphi(t) = \sqrt{3}[\phi(t) + \psi(t)] \qquad (5-14)$$

一般把 $\Psi(t)$ 当作慢变化量，经过高通滤波器来滤除这个慢变化量，从而解调出待测的信号 $\phi(t)$。

在此解调过程中，直流光强 D 利用下面的三角函数关系消掉，即

$$\sum_{k=1}^{3} \cos\left[\varphi(t) - (k-1) \times \frac{2\pi}{3}\right] = 0 \qquad (5-15)$$

5.2　数据处理方法

由 5.1 节可知，舞动信号引起光纤内光信号的变化经过 Φ－OTDR 解调系统解调

之后，输出了光纤内光信号相位信息的变化，而系统噪声，外界环境的扰动等都会对该信号产生一定的影响，因此需要对该信号进行进一步的数据处理。

为了去除信号中的噪声信息，并结合数据的实际情况，提出了对相位信息数据处理的方法流程，如图 5-7 所示。

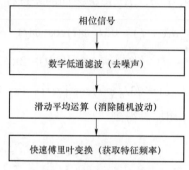

图 5-7 数据处理流程

该流程首先将采集到的相位信息进行数字滤波处理，去除信号中的高频噪声；随后对信号进行滑动平均处理，消除信号中的随机波动；最后对信号进行快速傅里叶变换，得到最终的舞动特征频率信息。

接下来将按照上述数据处理流程，对上述环节进行详细的描述。

5.2.1 数字低通滤波

在信号的处理过程里，滤波技术有着十分重要的作用。实现这一技术的器件即为滤波器。低通滤波器的主要功能，包括将信号限定到特定的频率范围内，让有用信号尽可能无衰减的通过，对无用信号尽可能大的衰减。其原理如图 5-8 所示。

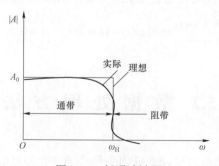

图 5-8 低通滤波器

理想滤波器的幅频特性曲线从通带到阻带的过渡是阶跃式的，即不存在过渡区，这种滤波器在工程上是不可能实现的，只能用某种传输函数去逼近它，而后再通过网络综合，用电子元器件去实现。所以设计滤波器的首要问题是近似问题，即寻求某种传输函数，使其幅频特性逼近理想滤波器的特性。然后是综合问题，即寻求一种网络结构，用元器件去实现上述的传输函数。常见的近似方法有三种。

（1）巴特沃思（Butterworth）近似，其传递函数为

$$H(s) = \frac{b_0}{s^n + a_{n-1}s^n + a_{n-2}s^n + \cdots + a_1 s + a_0} \tag{5-16}$$

（2）切比雪夫（Chebychev）近似：切比雪夫低通函数也是全极点函数，与巴特沃思滤波器的相同，只是极点位置和多项式系数不同。

（3）椭圆（Elliptic）近似：低通椭圆滤波函数为

$$H(s) = \frac{k \prod_{i=1}^{m}(s^2 + b_i)}{s^n + a_{n-1}s^n + a_{n-2}s^n + \cdots + a_1 s + a_0} \tag{5-17}$$

阶数 n 越大，滤波器的幅频特性越接近理想情况。对于相同的阶数 n，以椭圆滤波器的过渡区最窄。其次是切比雪夫滤波器，再次是巴特沃思滤波器。巴特沃思滤波器的优点是幅度在通带内是平坦的，而且它与切比雪夫滤波器都很容易设计和实现。图 5-9 为三种滤波器的幅频特性。

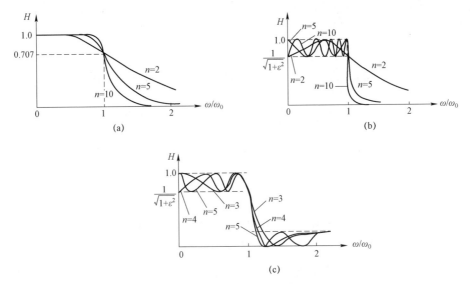

图 5-9　三种低通滤波器幅值特性
（a）巴特沃思滤波器；（b）切比雪夫滤波器；（c）椭圆滤波器

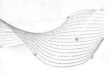

5.2.2 滑动平均运算

滑动平均运算是通过将采集的数据按照一定的数据长度和一定的数值处理方法，进行处理，以达到消除随机噪声的目的。其运算过程如下。

对数据进行随机信号的平均动态测试数据 $y(t)$ 由确定性成分 $f(t)$ 和随机性成分 $x(t)$ 组成，且前者为所需的测量结果或有效信号，后者即随机起伏的测试误差或噪声，即 $x(t)=e(t)$，经离散化采样后，可相应地将动态测试数据写成

$$y_j = f_j + e_j \quad (j=1,2,\cdots,N) \tag{5-18}$$

为了更精确地表示测量结果，抑制随机误差$\{e_j\}$的影响，常对动态测试数据$\{y_j\}$作平滑和滤波处理。具体地说，就是对非稳态的数据$\{y_j\}$，在适当的小区间上视为平稳的，而作某种局部平均，以减小$\{e_j\}$所造成的随机起伏。这样沿全长 N 个数据逐一小区间上进行不断的局部平均，即可得出较平滑的测量结果$\{f_j\}$，而滤掉频繁起伏的随机误差。

例如，对于 N 个非平稳数据$\{y_j\}$，视之为每 m 个相邻数据的小区间内是接近平稳的，其平均值接近于常量。于是可取每 m 个相邻数据的平均值，来表示该 m 个数据中任一个的值，并视其为抑制了随机误差的测量结果或者消除了噪声的信号。通常可用该值来表示该点的测量结果或信号。例如取 $m=5$，并用均值代替这 5 个点最中间的一个，也即

$$y_3 = 1/5(y_1 + y_2 + y_3 + y_4 + y_5) \tag{5-19}$$

同理，$y_4 = 1/5(y_2 + y_3 + y_4 + y_5 + y_6)$ 即 $f_4 = y_4$。以此类推，可得一般表达式为

$$f_k = y_k = \frac{1}{2n+1} \sum_{k=-n}^{n} y_{k+1} \quad (k=n+1,n+2,\cdots N-n) \tag{5-20}$$

其中，$2n+1=m$，显然，这样所得到的$\{f_k=y_k\}$，其随机起伏因平均作用而比原来数据$\{y_k\}$减小了，即更加平滑了，故称之为平滑数据。由此也可得到对随机误差或噪声的估计，取其残差为

$$e_k = y_k = f_k \quad (k=n+1,n+2,\cdots,N-n) \tag{5-21}$$

上述动态测试数据的平滑与滤波方法称为滑动平均。通过平均后，可滤掉数据中的随机噪声，显示出平滑的变化趋势，同时还可得出随机误差的变化过程，从而可以估计出其统计特征量。需要指出的是，式（5-21）中只能得到大部分取值，而

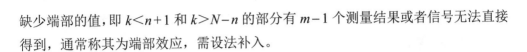

缺少端部的值,即 $k<n+1$ 和 $k>N-n$ 的部分有 $m-1$ 个测量结果或者信号无法直接得到,通常称其为端部效应,需设法补入。

5.2.3　快速傅里叶变换

快速傅里叶变换是对信号进行时频转换较为通用和快速的一种方法,其计算方法如下。

连续傅里叶变换将平方可积的函数 $f(t)$ 表示成复指数函数的积分或级数形式

$$F(\omega)=F\mid f(t)\mid=\int_{-\infty}^{\infty}f(t)\mathrm{e}^{-\mathrm{j}wt}\mathrm{d}t \tag{5-22}$$

这是将频率域的函数 $F(\omega)$ 表示为时间域的函数 $f(t)$ 的积分形式。连续傅里叶变换的逆变换(inverse Fourier transform)为

$$f(t)=F^{-1}\mid F(w)\mid=\frac{1}{2\pi}\int_{-\infty}^{\infty}F(t)\,\mathrm{e}^{\mathrm{j}wt}\mathrm{d}w \tag{5-23}$$

即将时间域的函数 $f(t)$ 表示为频率域的函数 $F(\omega)$ 的积分。一般可称函数 $f(t)$ 为原函数,而称函数 $F(\omega)$ 为傅里叶变换的像函数,原函数和像函数构成一个傅里叶变换对。

5.3　基于Φ–OTDR 传感技术的舞动监测系统

5.3.1　系统主要特点

基于Φ–OTDR 传感技术的舞动监测系统,通过监测现有输电线路上的光纤复合架空地线(optical fiber composite overhead ground wire,OPGW)/光纤复合导线(optical phase conductor,OPPC)中的光纤状态,可同时监测和定位输电线路多种故障现象。其主要特点如下:

1)监测定位准确。可以准确监测舞动的发生和发生的位置。同时,根据监测到的信号频率信息,还可以监测和定位输电线路微风振动、次档距振荡和外破等振

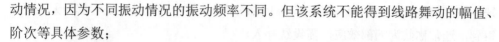

动情况，因为不同振动情况的振动频率不同。但该系统不能得到线路舞动的幅值、阶次等具体参数；

2）分布式测量。一条光纤可以监测整条线路，测试距离可达 60km；

3）分辨率高。最小空间分辨率小于 1m；

4）安装方便、维护简单。只需要在任何包含光纤的线缆终端（如变电站或通信中继站）接入一条跳线，将该跳线接入系统即可实现监测，不影响线路的正常运行；

5）OPPC 与 OPGW 在测试过程中存在差异。OPPC 是一种导线，监测系统监测的信号直接反映被测导线的振动情况，但 OPPC 导线目前在电力系统中应用不多，因此应用范围有限；OPGW 是一种地线，在电力系统中广泛存在，监测系统监测的信号是经过铁塔传递过来的导线振动情况，因为有了铁塔的传递作用，因此信号和直接进行监测略有差异。

该系统的主要指标如表 5-1 所示。

表 5-1　　　　　　　　　　系　统　指　标

系统功能描述	主要监测物理量为输电线路舞动和其他振动。设备具备数据采集、数据分析、数据存储、数据回放等功能
测试通道	1 通道（可扩展至 16 通道）
测试频率	0.3～300Hz
空间分辨率	0.85～50m
测量长度	60km
更新时间	小于 0.1s
显示信息	振动参量：时间位置强度图；位置强度图；频率位置强度图；频率分布图；历史数据回放。 温度参量：位置强度图，时间强度图，定温报警，历史数据回放

5.3.2　系统组成

基于Φ-OTDR 传感技术的舞动监测技术主要是将舞动引起的光纤内传感光信号的变化，经过Φ-OTDR 解调系统的光电转换模块进行光电转换，电信号经过 3×3 解调系统转换为相位信息；后经过后台的数据处理，最终在上位机上进行显示预警。系统整体的原理框图如图 5-10 所示，系统测试示意图如图 5-11 所示，系统实物图如图 5–12 所示。

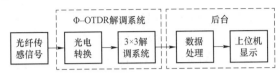

图 5－10　系统整体原理图

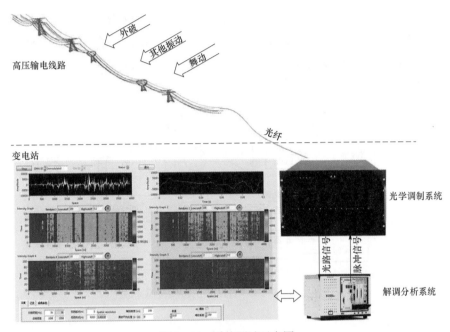

图 5－11　系统测试示意图

图 5－12　系统实物图

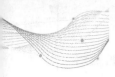

图 5-13 为基于Φ-OTDR 的振动传感系统，窄线宽激光器发出的连续光进入电光调制器（electro-optic modulator，EOM）调制成脉冲光，再进入掺铒光纤放大器（erbium-doped fiber amplifier，EDFA）放大，经环行器 1 进入光栅滤波器滤除大部分自发辐射噪声，滤波后的光脉冲经过环行器 2 入射到传感光纤。背向散射光进入 2×3 非平衡马赫-曾德干涉仪（Mach-zehnder interferometer，MZI）分三路，分别入射到光电检测器检测散射光的相位，最后经过数据采集和数据处理模块解调出光信号相位。同时，该系统配备有专门的软件，其功能主要包括解调原始数据存储、监测界面显示、参数配置调节（包括采样频率、空间分辨率、起止观测点位置设定等功能）。

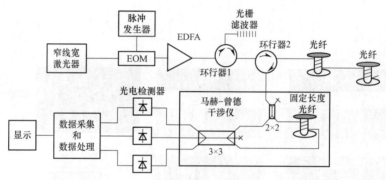

图 5-13 基于Φ-OTDR 的振动传感系统

5.4 试 验 验 证

5.4.1 舞动试验机试验

1. 试验环境

基于Φ-OTDR 的 OPPC 导线振动试验系统包括Φ-OTDR 系统以及 OPPC 导线舞动试验机系统，舞动试验机系统对 OPPC 导线加载舞动信号，利用Φ-OTDR 系统进行测量，OPPC 导线舞动试验机系统如图 5-14 所示。

试验中采用的特种导线型号为 OPPC-24B1-400/50，外观和尺寸和常规

LGJ-400/50 导线一致，内含 24 根单模光纤。舞动试验机系统各组成部分位置分布如图 5-14 所示。

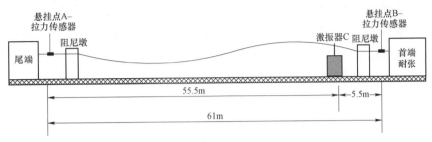

图 5-14　舞动试验机及 OPPC 安装示意图

2. 系统响应试验

将 OPPC 导线作为测试光纤接入Φ-OTDR 测试系统中，当舞动试验机激振器未对导线施加激振信号时，测试 60s 时间内的导线信号，测得时域信号并进行傅里叶变换得到频域信号，如图 5-15 所示，其中时域图取 0～1s 内的信号。从图 5-15 中可以看出，当导线处于稳定状态时，测得的时域信号和频域信号幅值较低。

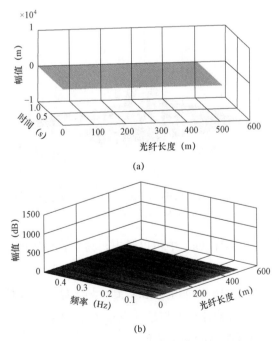

图 5-15　未施加激振时测得所有导线位置信号

（a）时域信号；（b）频域信号

控制激振器对导线施加频率为 0.3Hz 的激振，测得时域信号如图 5-16（a）所示，对时域信号进行傅里叶变换得到频域信号如图 5-16（b）所示。试验中选取导线中的两根光纤在尾端处熔接，对相同位置的导线进行二次重复测量，因此测得的信号呈现对称式分布，其中 197～258m 为由 B 点到 A 点的导线信号，298～359m 为 A 点到 B 点的导线信号。

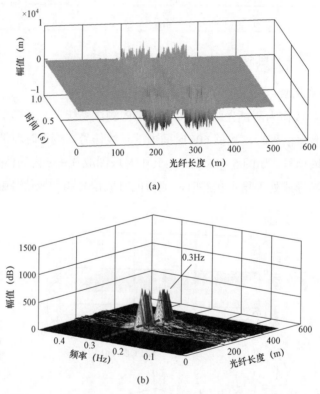

（a）

（b）

图 5-16　施加频率 0.3Hz 激振时测得的所有导线位置信号

（a）时域信号；（b）频域信号

从三维时域信号图 5-16（a）中可以看出，与未施加激振信号时相比，当激振器对导线施加激振信号时，悬挂点 A 与悬挂点 B 之间导线的时域信号幅值显著增大，同时在三维频域信号图 5-16（b）中可以看到，与未施加激振信号时相比，当激振器对导线施加激振信号时，悬挂点 A 与悬挂点 B 之间导线的频域信号幅值明显增大，同时在频率 0.3Hz 处出现明显的频率峰值。

通过以上试验可以分析得出，当导线未被施加激振时，由于导线中光纤基本没有应变变化，时域和频域信号幅值很低；当导线被施加一定频率的激振时，时域和频域信号幅度明显增大，同时在频域信号中明显观察到与施加激振信号相同的频率峰值，因此，基于 Φ–OTDR 的分布式测量系统可用于 OPPC 导线的振动检测。

5.4.2　真型输电线路试验

1. 试验环境

试验环境为国网河南省电力公司电力科学研究院真型试验线路。因为导线舞动必须在覆冰状况才有可能发生，但是适合导线覆冰的气候条件可遇而不可求，通常数年才能获得一次有效的试验数据。如图 5–17 所示，为了提高试验效率，在真型试验线路上加装 PVC 材料的 D 形模拟冰以激发导线舞动。

图 5–17　安装有模拟冰的六分裂导线

如图 5–18 所示，以 3 号耐张塔为例，说明杆塔上各种设备的安装情况。3 号耐张塔位于塔顶的横担（又称地线支架）用于悬挂地线，以下三层横担（由上至下分别为上横担、中横担和下横担）用于悬挂导线。当导线发生舞动时，振动会通过塔架结构向上传输到 OPGW 导线，因此将 OPGW 作为 Φ–OTDR 分布式测量系统的监测对象，就应该可以监测到下方导线的舞动情况。导线在 3 号塔上以北相四分裂、中相六分裂、南相四分裂的形式分布，导线与输电铁塔连接处安装有拉力传感器，可记录各相导线舞动时拉力变化情况。输电铁塔上还安装有监控摄像头，可实时观察导线舞动情况。

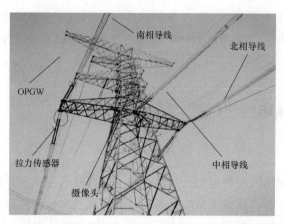

图 5–18 3 号耐张塔上各种设备安装情况

2. 舞动监测试验

前面提到，Φ–OTDR 系统是通过测量 OPGW 的振动信号来反映输电线路导线的振动状态，两者之间通过杆塔传递信号，因此如何判断输电线路的振动状态成为研究重点。本节将利用拉力传感器信号与Φ–OTDR 信号对比，验证能否用Φ–OTDR 系统监测 OPGW 得到输电线路各相的舞动情况。

首先以 2018 年 8 月份测得的数据进行相关分析。如图 5–19 所示，将舞动状态

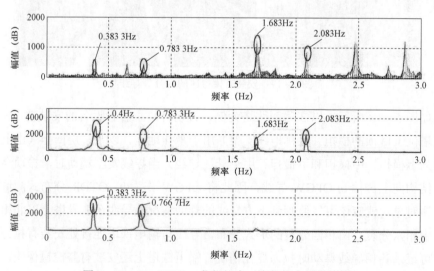

图 5–19 Φ–OTDR、北相拉力、南相拉力信号比较

下，Φ–OTDR 测得 3～4 档、北相拉力传感器、南相拉力传感器测得的信号进行比较。从图中可以看出，北相拉力传感器测得的幅值较大的频率为 0.4、0.783 3、1.683、2.083Hz，南相拉力传感器测得的幅值较大的频率为 0.383 3、0.766 7Hz，北相传感器和南相传感器的舞动频率在 Φ–OTDR 信号中是都存在的，但频率强度并不一致，这是由于铁塔传递作用的存在，损失了一部分能量。但输电线路的舞动频率可以通过铁塔传递到 OPGW 导线上由 Φ–OTDR 测量得到，由于存在中间传递部分，传递效率不一致导致两者信号并不一致，略有差异。

　　如图 5–20 所示，将平静无风时和线路舞动时的时域信号和频域信号进行对比，可以看到平静无风导线不舞动时，Φ–OTDR 信号很微弱，且出现无规律的"团簇"；而在 8 月 10、11、16 日三天有舞动时，Φ–OTDR 监测系统会出现很多明显的峰值信号，这些信号峰形状又细又尖，其中 2.1、4.2、6.3Hz 这三组频率处信号较频繁且幅值较突出。

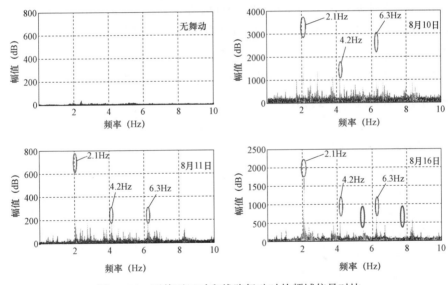

图 5–20　平静无风时和线路舞动时的频域信号对比

　　如图 5–21 所示，将 8 月 10 日舞动时的 Φ–OTDR 信号局部放大，可以看到各信号峰之间的频率间隔一般为 0.4Hz。

　　同时在 6 月进行真型输电线路舞动监测试验，此时真型输电线路模拟冰的安装状态与 8 月的安装状态不尽相同，从监控视频中可以看到，线路舞动幅度明显大于

8 月的线路舞动幅度。

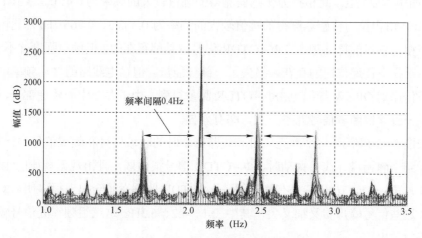

图 5-21 Φ-OTDR 信号局部放大图

如图 5-22 所示，为 6 月 29 日Φ-OTDR 系统监测 3~4 档信号频域图，较为明显的频率峰值集中在 10Hz 以下，所以截取到 10Hz 进行分析，可以看到 6Hz 和 8Hz 附近的频率出现紧密团簇现象，所有舞动状态下的Φ-OTDR 信号均有此现象，这有可能是铁塔等部件结构带来的固有影响，并不反映线路舞动的影响。因此为便于观察分析，将频率截取到 5Hz。

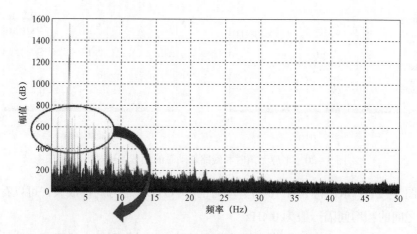

图 5-22　6 月 29 日Φ-OTDR 系统监测信号频域图（一）

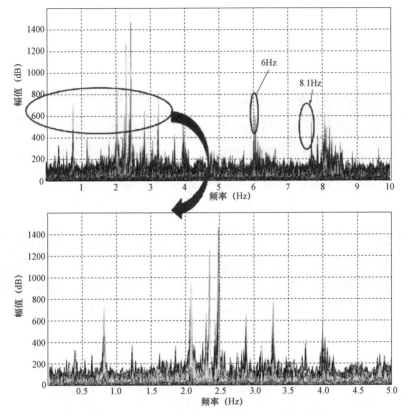

图 5–22　6 月 29 日Φ–OTDR 系统监测信号频域图（二）

如图 5–23 所示，测试时间为 6 月 29 日和 30 日，其中 6 月 30 日信号为输电线路未发生舞动时Φ–OTDR 测得的信号，其他 6 月 29 日数据为输电线路舞动时Φ–OTDR 测得的信号。从图 5–23 中可以看出，非舞动状态下，信号各频率幅值较低，明显低于舞动状态下的频率幅值，另外，舞动状态下Φ–OTDR 测得信号的频率峰值位置一致性较好。

取 5Hz 频率以下的Φ–OTDR 信号进行分析，如图 5–24 所示，放大后可以看出，与 8 月信号类似，在 0.816 7Hz 和 2.483Hz 附近出现频率间隔为 0.4Hz 的频率峰值。

通过查找风向风速，在 5 时 14 分至 6 时 16 分期间，风速为 6～9m/s，西南风，风向为 200°到 220°（北风为 0°，东风为 90°，南风为 180°，西风为 270°），可见风向风速在此值之间时导线易发生舞动。根据视频显示，北相导线舞动频率为 0.4Hz，中相导线舞动频率为 0.4Hz，南相导线舞动频率为 0.8Hz。6 号塔的拉力数据如图 5－25 所示。

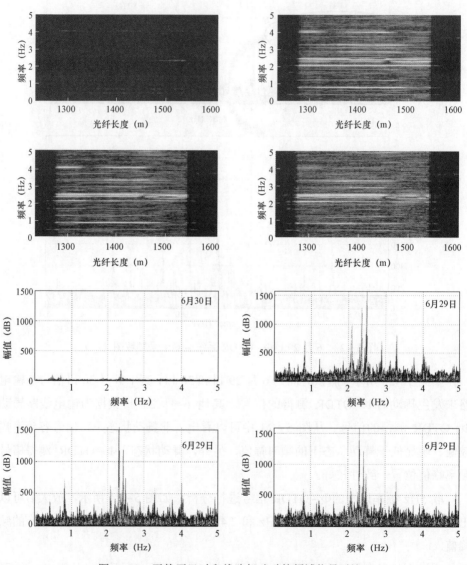

图 5－23　平静无风时和线路舞动时的频域信号对比

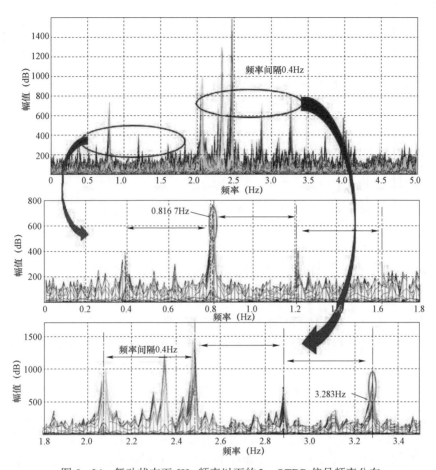

图 5－24　舞动状态下 5Hz 频率以下的 Φ－OTDR 信号频率分布

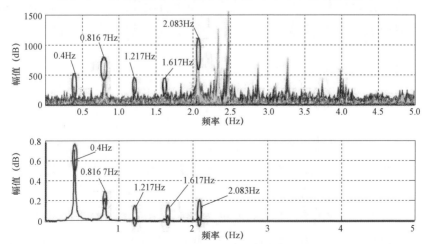

图 5－25　Φ－OTDR 监测信号，北相、中相和南相拉力信号（一）

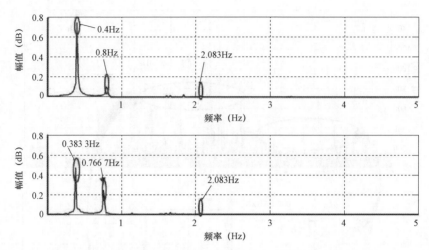

图 5 – 25 Φ – OTDR 监测信号，北相、中相和南相拉力信号（二）

从图 5 – 25 中可以看出，输电线路三相的舞动频率都能通过杆塔传递到 OPGW 导线上并通过Φ – OTDR 系统测量得到。

在真型输电线路振动试验中，Φ – OTDR 系统可以对真型输电线路导线的振动特性进行良好的监测。舞动未发生时，频率强度总体幅值较低，峰值信号出现无规律团簇现象；舞动发生时，频率强度总体幅值较高，2.1、4.2、6.3Hz 频率信号总会出现，且三者至少一处会出现较大峰值，其他小峰值信号也较纯净，频率间隔一般为 0.4Hz；当舞动的幅度更大时，可通过监测低频信号 0.4Hz 判断舞动是否发生；当强度谱在整个线路上有明显的周期性波动且频率谱集中在 3～10Hz 的范围时，线路处于微风振动状态；当强度谱在整个线路上有明显的周期性波动且频率谱集中在 1～3Hz 的范围时，线路处于次档距振荡状态，实现了对真型输电线路的振动监测。

5.4.3 工程应用前景分析

从上述实验室内试验和真型输电线路舞动试验中，可以得出下述结论：

（1）根据频率信息，能够判断出线路是否发生舞动，也可以判断线路是否发生其他振动状态，如微风振动、次档距振荡等；

（2）根据频率强度图谱，可以判断出舞动等振动发生的位置；

（3）舞动发生处的应力应变值，从一个侧面反映了导线当时的应力状态，但导

线的应力状态不仅和导线的振动有关，还和气温、风速、导线结构等其他因素有关，因此，仅从基于Φ–OTDR 传感技术的舞动监测系统得到的应力应变变化，不能准确判断出导线是否发生了舞动。

　　基于Φ–OTDR 传感技术的舞动监测系统，利用输电线路原有的 OPGW/OPPC 光缆作为传感器，根据振动频率的不同，可有效识别和定位线路舞动、微风振动和外破等主要故障现象，具有安装方便、维护简单、测量精度高、监测距离长和系统可靠等优势。改变了通信光缆单一的通信功能，使其进一步具有监测的能力，推进了运维模式的转变。但该系统用于舞动监测时，只能监测舞动是否发生，对于舞动的具体特征参数，如幅值、阶次，则无法测量。因此，如该系统和基于单目测量的舞动观测等其他监测方法配合，应用效果更好。

第6章 其他舞动监测技术

随着技术的进步，不断有新的舞动监测技术被提出，本章将介绍一些研究成果或实验室成果，包括基于 GPS‒RTK 技术的导线舞动监测技术、基于角度信息的舞动监测技术等。另外，由于舞动监测装置的安装数量相对有限，工程中常会出现因线路没有安装舞动监测装置，需要基于简易设备开展舞动观测的情况。因此，本章还将介绍简单观测法、摄像仪法和经纬仪法等常用的舞动观测方法。

6.1 基于 GPS‒RTK 技术的导线舞动监测技术

GPS‒RTK 技术可以实现空间位置的精确定位，使用此技术可以实时监测固定于线路上的多个移动站的位置，以此实现对输电线路舞动情况的监测。本节主要通过基本原理、系统实现及实验测试三部分进行介绍。

6.1.1 基本原理

全球定位系统（global positioning system，GPS）是一种高精度卫星定位导航系统，它包括 GPS 空间卫星星座、地面监控系统和用户设备（GPS 信号接收机）三大部分。差分全球定位系统（differential global positioning system，DGPS）是利用基准站已知精密坐标，计算出基准站到卫星的距离改正数，并由基准站实时地将这一改正数发送出去。用户接收机（移动站）在进行 GPS 观测的同时，利用接收到的基准站的改正数，对其定位结果进行改正，从而提高定位精度。GPS 定位分为三类，即位置差分、伪距差分和载波相位差分，其中载波相位差分技术又称为实时动态差分技术（real time kinematic，RTK），是建立在实时处理两个测站的载波相位基础上。

它的动态定位精度最高，达到厘米级。

　　基于 GPS–RTK 技术的舞动监测原理，是将 GPS 装置安装在输电线路导线上，使用 RTK 差分技术实时监测安装点的运动轨迹和频率，基于多个安装点的运动轨迹和频率，可以监测一档或一段导线的舞动情况。

6.1.2　系统实现

　　一套完整的导线舞动监测系统由一台基准站接收机、一台或若干台移动站接收机、与接收机数量相同的 GPS 天线、与移动站配套的导线取能装置、一台安有监控软件的电脑组成，接收机与天线之间通过线缆相连，接收机之间、接收机和电脑之间通过无线设备相连，发送和接收数据。其中，基准站接收机和电脑可以放在距离线路较远的控制室内，基准站天线安装在控制室附近较空旷的地方（一般安在屋顶），移动站部分包括移动站天线、移动站接收机、导线取能装置和无线传输模块，整个移动站部分一起封装，安装在一根或多根高压导线上。其布置如图 6–1 所示。

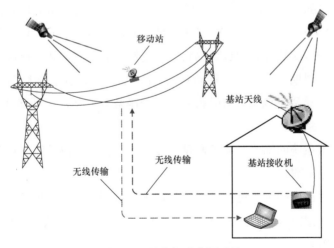

图 6–1　导线舞动监测系统

6.1.3　实验测试

　　这里简单介绍一种基于 GPS–RTK 技术的输电线路舞动监测系统。该系统的移

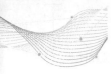

动站接收机采用抗电磁干扰能力强的 OEMV – 2 – RT2 – G 板卡，并进行抗恶劣环境封装；移动站天线采用直径仅为 89mm 的型号为 S67 – 1575 – 39 的小型 GNSS 天线，此天线接收的卫星信号频率为 1.575GHz，抗电磁干扰能力强；通信设备采用 SI4432 无线模块，整个移动站消耗功率小于 2W。基准站部分布置在控制室，其天线使用易于固定的 GPS – 702 – GG 双频天线，接收机使用北斗星通公司简易封装的 N220 – AT – RT2S – G 接收机。

对于电源供给问题，基准站不存在供电困难；移动站使用了上海交大珠城喜等人提出的一种利用特制的铁芯感应取能给高压侧电路供电的装置，其前端保护装置中包括输出功率控制电路，可将取电线圈的输出功率限定在一个较小的范围；后端包含可充电的锂电池组，通过合理的相角控制策略，当输电线路的电流在 0.04～1.5kA 范围内时，可实现稳定的 2.5W 以上的功率输出，并且在电流较大时铁芯发热现象不严重，满足对移动站的供电要求。

为了实现数据的图形化显示和系统自动判断预警，使用 LabVIEW 开发了一套输电线路舞动监测软件。当导线发生舞动时，位于导线上的移动站 GPS 天线随着导线而发生运动，GPS 装置经过一系列复杂运算，将移动站天线的位置信息实时发送到控制室内的电脑上，监测软件对接收到的数据进行实时分析处理，提取出移动站天线在地心直角坐标系下的 X、Y、Z 坐标值，并根据坐标值的变化绘制出其在地心直角坐标系下的运动轨迹。通过舞动轨迹，能够得到实时的舞动椭圆的峰 – 峰值。由于导线舞动是周期性的，那么移动站天线的 X、Y、Z 坐标值随时间变化的函数 $x(t)$、$y(t)$、$z(t)$ 都是周期函数，实时得到这三个函数并分别进行频谱分析，就可以实时得到舞动的频率。

为了确认该系统的幅值及频率测量精度，在实验室模拟条件下对监测系统的幅值及频率进行定量测试。

（1）通过对已知确定轨迹的动态测量，来确定舞动轨迹幅值监测的精度。

将 GPS 天线沿一直径为 35cm 的圆形物体外沿转 3 周，实时观察 LabVIEW 记录的轨迹，如图 6–2 所示。

从图 6–2 可以清楚地观察到圆形的轨迹，在轨迹上任取两点 $A1$、$B1$，然后求得距离 $A1$ 最远的点 $A2$ 和距离 $B1$ 最远的点 $B2$，上述四点在地心直角坐标系下的坐标值列如表 6–1 所示，由两点间距离公式得出 $L_{A1A2}=34.93cm$，$L_{B1B2}=34.45cm$，对得到的两个长度取平均得圆的直径为 34.69cm。

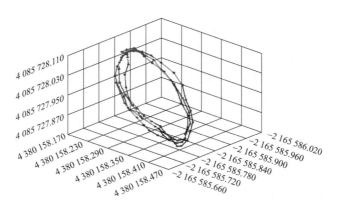

图 6－2　GPS 天线运动轨迹

表 6－1　　　　　　　　　　圆形轨迹上所选点的坐标值

顶点	坐标（m）
A1 点	（－2 165 585.834 9，4 380 158.392 3，4 085 727.795 6）
A2 点	（－2 165 585.749 4，4 380 158.224 9，4 085 728.090 0）
B1 点	（－2 165 585.678 3，4 380 158.363 4，4 085 727.941 5）
B2 点	（－2 165 585.984 5，4 380 158.206 5，4 085 727.924 6）

此外还进行一长宽分别为 60cm 和 40cm 的矩形固定轨迹测试，将测得的数据与原始数据相比较，所得结果如表 6－2 所示。

表 6－2　　　　　　　　　　测量结果与实际情况对比

类型		实际长度（cm）	测量长度（cm）	绝对误差（cm）	相对误差
矩形	长	60.00	59.35	0.65	1.1%
	宽	40.00	38.46	1.54	3.9%
圆形	直径	35.00	34.69	0.31	0.9%

可以看出，绝对误差并不是随着测量尺寸的增加而加大，而是保持在 1cm 左右。GPS－RTK 装置的定位精度为 1cm，即使计算轨迹长度一般需要计算点与点之间的距离，点间距离的最大误差理论上也能达到 2cm。线路舞动椭圆的峰－峰值至少在 1m 以上，那么此装置的测量相对误差将小于 2%，可实现高精度的输电线路舞动幅值监测。

（2）使用光纤布拉格光栅舞动测量装置，与 GPS－RTK 舞动检测装置同步测量，来确定舞动轨迹频率监测的精度。

　　光纤布拉格光栅（fiber bragg grating，FBG）传感器以其优越的性能在输电线路在线监测方面得到了广泛应用。研究人员已经将 FBG 应用于导线风致动力响应试验中，并且实现了对导线风致动张力和自振频率的准确测量。因此，可以使用光纤布拉格光栅对导线舞动频率进行准确测量，实现对 GPS－RTK 装置的舞动频率测量值的校验。

　　舞动试验布置如图 6－3 所示。在模拟导线档距中间，粘贴裸光纤光栅应变式传感器，传感器外包有自制防雨护套，GPS－RTK 装置的移动站天线也安装在模拟导线上，距离光栅传感器粘贴处 20cm。

图 6－3　舞动试验布置

　　舞动时导线上的某一点呈现出椭圆形运动轨迹，垂直分量占主导，水平分量较小，同时导线也会随着垂直运动而扭转，角度峰－峰值最大可达 100°，GPS 天线在扭转情况下也能接收到卫星信号，定位不受影响。舞动是导线的剧烈运动，然而由于试验条件有限，无法实现舞动。但如果这套装置能够对导线摆动的频率、幅度、轨迹进行准确的在线监测，那么，该装置也将适用于导线舞动监测。

　　摆动导线，移动站天线的位置信息将以 0.2s 的时间间隔发送给电脑，电脑通过 LabVIEW 程序实时记录移动站天线的位置信息并且实时显示出 GPS 天线的三维移动轨迹，如图 6－4 所示。还能得到 X、Y、Z 坐标值随时间变化的曲线 $x(t)$、$y(t)$、$z(t)$ 及其相应的快速傅里叶变换得到的频谱图 [图 6－5、图 6－6 为 $x(t)$ 及其频谱图]，与此同时，光纤光栅传感器也以 100Hz 的采样频率实时向电脑传送导线摆动时其反射的中心波长值变化 $\Delta\lambda(t)$，对 $\Delta\lambda(t)$ 进行傅里叶分析，得出图 6－7。

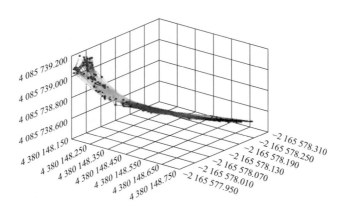

图 6-4　摆动轨迹

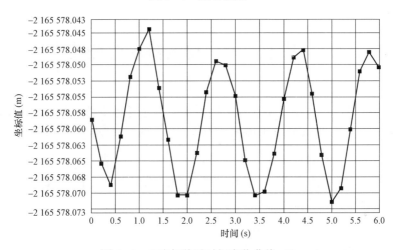

图 6-5　X 坐标值随时间变化曲线 $x(t)$

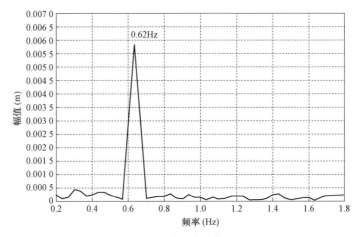

图 6-6　$x(t)$ 的频谱图

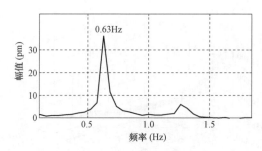

图 6-7　$\Delta\lambda(t)$ 的频谱图

由图 6-7 的测量结果可以看出，导线摆动的频率为 0.63Hz。GPS-RTK 装置测得的摆动频率为 0.62Hz，仅与实际值相差 0.01Hz。

6.2　基于角度信息的舞动监测技术

本书第 3 章、第 4 章及第 5 章中提到基于加速度传感器、IMU、分布式光纤传感等技术的在线监测输电线路舞动方案都是通过测量导线上某些关键位置的位移轨迹信息，构建或者表征整段导线舞动曲线形状或者舞动轨迹。本节将介绍一种基于倾角传感器、结合插值算法的输电线路舞动曲线重建的技术，主要包括基本原理、系统实现及实验测试三部分。

6.2.1　基本原理

架空输电线路两杆塔之间的导线无论是处于舞动还是静止，在某时刻都可以视为一条在三维空间中的静态曲线，通过对线路上准分布式角度信息进行测量，结合角度测点相对于某一确定点的弧长，使用插值的方式，可以得到这条曲线的方程。通过对不同时刻的曲线进行分析，就可以得到需要的阶次、频率和振幅信息。

这条曲线可以认为是正则曲线（导数连续且处处不为零），即为 $\varphi(x, y, z)$。曲线方程可以转化为参数方程 $\varphi(t) = [x(t), y(t), z(t)]$，曲线上任一点到一确定点 $\varphi(t_0)$ 的弧长 $s(t)$ 可以表示为

$$s(t) = \int_{t_0}^{t} |\varphi'(t)| \, \mathrm{d}t \qquad (6-1)$$

对这条曲线进行弧长参数化，可以表示为

$$\varphi(s) = [x(s), y(s), z(s)]$$

实际的输电线路舞动主要分为扭转振动和垂直水平面方向的振动，因扭转和垂直振动之间的耦合非常复杂，先不考虑扭转，那么舞动曲线可以视为一平面曲线，曲线表示为 $\varphi(s) = [x(s), y(s)]$。曲线上某点处的倾角 $\alpha(s)$ 即为 x 轴（水平轴）与在该点处曲线正切向量的夹角，如图 6-8 所示。

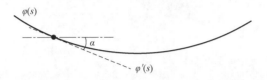

图 6-8　曲线与其倾角的关系示意图

曲线的参数方程可以表示为

$$\begin{cases} \varphi'(s) = \{x'(s) = \cos[\alpha(s)], y'(s) = \sin[\alpha(s)]\} \\ \varphi(s) = \left\{x(s) = \int \cos[\alpha(s)], y(s) = \int \sin[\alpha(s)]\right\} \end{cases} \quad (6-2)$$

在弧长和曲线上其他各点倾角的约束下，此曲线方程具有唯一性。

6.2.2　系统实现

将倾角传感器以相同的弧长间隔分布于线路上，监测各点的倾角值。传感器安装面应与线路平行。根据离散的倾角值，利用三次样条函数插值方法计算倾角关于弧长 s 的函数 $\alpha(s)$。利用式（6-2），得到各个测点处的曲线自然方程 $\varphi(s)$ 的离散值。消去曲线方程 $\varphi(s)$ 中的弧长参数 s，得到各测量点在直角坐标系中的对应位置。再次使用三次样条插值，求出离散测量点在直角坐标系中对应的曲线。通过对舞动过程进行连续采集，得到连续的不同时刻对应的线路舞动曲线，即可得到需要的线路舞动阶次、频率和振幅信息。

6.2.3　实验测试

这里介绍一套倾角监测系统并做了实验测试，实验现场如图 6-9 所示。用链条代替输电导线，每段链条长度大约 1m，在两段链条的连接点处安装倾角传感器，共使用了 7 段链条及 8 个倾角传感器。实验设计了两个场景，场景 1 为线路自然下垂，如图 6-9（a）所示；场景 2 中将线路部分托起，模拟线路舞动，如图 6-9（b）所示。

（a）   （b）

图 6-9　模拟实验现场图

（a）场景 1；（b）场景 2

场景 1 曲线重建结果如图 6-10 所示，实测和重建点的高度坐标如表 6-3 所示。经计算可得平均误差约为 1.59cm。

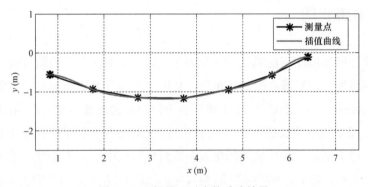

图 6-10　场景 1 对应的重建结果

表 6-3 实测和重建点高度坐标 （cm）

实测	40	20	1	22	41	48
重建	37.66	21.42	1.3	21.95	37.31	46.07
误差	2.34	1.42	0.3	0.05	3.49	1.93

场景 2 是将链条中间托起，意在模拟导线的垂直舞动，曲线重建结果如图 6-11 所示。实际中托起点和右端点间的高度差为 50cm，重建中的 y 坐标值差为 56.89cm，

误差为 6.89cm。试验中存在一定的测量误差，总体上此方案能够实现在较低采样率的情况下，以低误差重建舞动曲线。

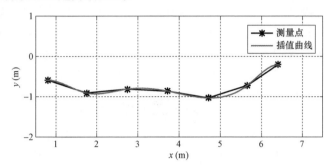

图 6-11 场景 2 对应的重建结果

6.3 其他现场舞动观测法

6.3.1 简易工具观测法

简易工具观测法指利用直尺或笔杆等细长物观测并估算导线舞动幅值，利用手表或手机等计时工具估算导线舞动频率的方法。该方法虽然测量精度较低，但是基本解决了在没有精确测量设备或摄像设备时舞动观测问题。

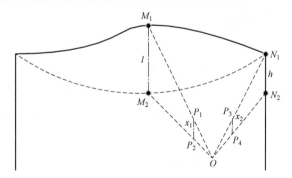

图 6-12 简易观测法观测原理示意图

舞动频率观测时，可以利用手表或手机秒表记录 1min 内线路舞动的周期数并换算得到舞动频率。

舞动幅值观测时，观测人员立于线路垂线方向远处，用手指夹握直尺或笔杆使之成竖直状态，伸直手臂朝向舞动幅值被测点，如图 6-12 中被测点 M_1 或 M_2，其中 M_1 为舞动幅值最低点，M_2 为舞动幅值最高点，M_1M_2 的对应高度 l 即舞动幅值；观测人员用单只眼睛观测，移动手臂使直尺上端 P_1 点与观测点 M_1 的视点重合；保持握尺姿势不变，找到直尺上 P_2 点使之与观测点 M_2 的视点重合，这里 P_1P_2 的长度计作 x_1；找到一个高度已知且到观测者距离接近的参照物，如图 6-12 中参照物的高度为 h，OM_2 与 ON_2 的距离接近；保持握尺姿势不变，采用相同的方法，测量得到 P_3、P_4 及 x_2；由于观测人员握尺姿势不变，两次测量中眼睛到直尺的距离不变，即 $OP_2 \approx OP_4$，而且线路舞动幅值被观测点和参照物两者到观测点的距离接近，根据三角形相似关系，可知图 6-13 中各标识长度间存在如下关系

$$\frac{P_1P_2}{M_1M_2} = \frac{OP_2}{OM_2} \approx \frac{OP_4}{ON_2} = \frac{P_3P_4}{N_1N_2} \tag{6-3}$$

也即

$$\frac{x_1}{l} = \frac{OP_2}{OM_2} \approx \frac{OP_4}{ON_2} = \frac{x_2}{h} \tag{6-4}$$

进而

$$l = \frac{x_1 h}{x_2} \tag{6-5}$$

最后根据式（6-5）所示的比例关系即可估算出导线舞动幅值。

该方法使用时需注意：观测时保持直尺或笔杆竖直状态，手臂伸直后尽量保持直尺到眼睛的距离不变；观测人员的站立点选择适当，尽量使站立点到舞动幅值观测点和参照物的距离接近；参照物可以选择已知高度的悬垂绝缘子串、子间隔棒、相间垂直高度等物体或距离。

6.3.2　摄像机观测法

摄像机法观测舞动就是利用摄像机对线路舞动进行拍摄，通过录像回放计时、逐帧分析、近似比例换算等手段，获得线路舞动半波数、频率和振幅等信息。摄像机法与基于单目测量的舞动监测技术相似，但摄像操作方式和数据处理方式都更为简单，适用于缺少精确测量设备时临时监测。

摄像机法观测舞动及数据处理的步骤及要求如下。

（1）选择合适的观测点及摄像视窗。测量人员在确保自身安全的前提下，尽量选择可以拍摄到整档线路舞动形态的位置，以便分析整档线路舞动特征；调整摄像视窗，尽量使两侧杆塔进入摄像设备视窗，以便利用杆塔上距离数据换算舞动幅值。

如果条件允许，观测点优先选择在档距中央垂直方向上。如果需要获得精确的舞动幅值，可以调整焦距对舞动幅值最大点附近的子间隔棒进行拍摄，并保证舞动时子间隔棒不超出摄像设备的视窗。

（2）拍摄导线舞动形态。应尽量使用三脚架进行视频拍摄。若无三脚架设备，应尽量避免摄像设备倾斜，否则将影响数据分析精度。在视角、焦距等参数确定的情况，拍摄时间不宜少于 1min。拍摄时，应尽量从多个视角，尽可能多的收集舞动视频。

（3）基于参照物尺寸确定舞动幅值。在摄像视窗中，选择适当物体或相对距离作为参照物，如选择杆塔挂点处相间距离、绝缘子串长度、子间隔棒分裂间距等；利用摄像设备成像原理和各种空间几何相似关系，确定舞动幅值的像素距离与参照物像素距离的相对关系；基于该相对关系，结合查询到参照物实际尺寸，换算线路舞动幅值。

（4）确定舞动频率和半波数。在现场观测时，既可利用手表或手机秒表记录 1min 内线路舞动的周期数并换算得到舞动频率，也可实时观察线路舞动的半波数特征。当需要得到较为精确的结果时，可以利用视频回放、逐帧分析的方式得到较为精确的舞动频率和半波数特征。

为便于理解，下面举例说明。图 6−13 所示，对某舞动线路进行摄像法观测，确定线路舞动幅值最大点在竖直方向上对应的像素幅值 AA′ 为 131，线路端部上下两相导线悬挂点 B 和 B′ 之间的像素距离为 153。查询资料可知，实际上下两相导线悬挂点之间的距离为 3.98m。因观测点与两者之间的距离接近，结合摄像设备成像原理，可以确定线路舞动峰−峰值 x 近似满足以下关系式

$$\frac{131}{153} = \frac{x}{5.80} \tag{6−6}$$

解方程得到 $x = 4.97$，即此时线路舞动的峰−峰值约 4.97m。

图 6−13　拍摄舞动线路的一部分进行舞动振幅监测

第7章　舞动监测装置检定技术

常规舞动监测原理和装置，如加速度原理、单目测量原理等，均是采用间接的方式测量位移等舞动监测核心指标，不适合作为评价舞动监测装置的标准测试方法。基于拉绳传感器、光幕传感器的位移测量方法是两种直接位移测量方法，虽然受测量原理限制无法在输电线路现场直接应用，但是利用其高精度的特点，在模拟线路或导线上，可以解决常规舞动监测设备的试验检定问题。

7.1　基　本　原　理

舞动监测装置检定技术的关键是实现对输电线路上一点或多点位移的精确测量，拉绳传感器、光幕传感器是两种理想的选择。本节即对这两种位移传感技术舞动测试原理进行介绍。

7.1.1　拉绳传感技术

1. 测试原理

拉绳传感器是一种高精度位移型传感器，相当于一种数字卷尺。传感器上安装有拉绳，拉绳长度的变化直接反应测试点的位移，测量舞动位移时，将拉绳传感器一端固定在地上，另一端固定在舞动试验导线的被测点上，被测点带动拉绳传感器运动，此时拉绳长度的变化直接反应测试点的位移，通过分析拉绳出绳速度等数据，可以实现监测点舞动幅值和频率的测量，如图 7−1 所示。

拉绳传感器系统包括两台拉绳传感器，安装在试验导线被测点横断面的左右两侧，可分别记作拉绳传感器 1−A 和拉绳传感器 1−B，如图 7−2 所示。拉绳传感器

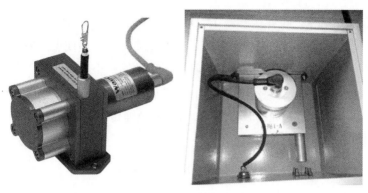

图 7-1　拉绳传感器实物图

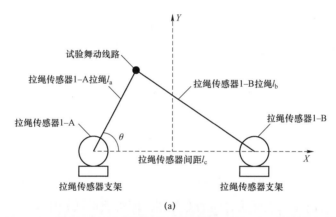

(a)

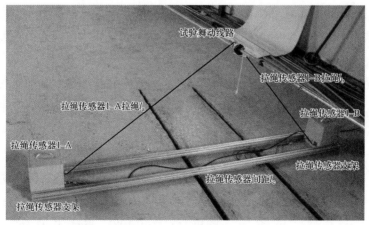

(b)

图 7-2　拉绳传感器测试原理

（a）拉绳传感器测试原理示意图；（b）拉绳传感器安装现场图

1－A 拉绳长度记为 l_a，拉绳传感器 1－B 拉绳拉绳长度 l_b；拉绳传感器安装在拉绳传感器支架上，支架的高度需低于试验导线发生舞动时的最低点。为了保证测量准确性，两台拉绳传感器及拉绳需安装在试验导线的同一个横断面内。当试验导线发生舞动时，拉绳的长度发生变化，拉绳传感器输出表征拉绳长度变化的信号量。

拉绳传感器输出的拉绳的长度为 l_a、l_b，两拉绳传感器之间的距离 l_c 已知。根据海伦定理可以得出该三角形的面积 S

$$S = \sqrt{p(p - l_a)(p - l_b)(p - l_c)}$$

$$p = \frac{l_a + l_b + l_c}{2} \qquad (7-1)$$

以两个拉绳传感器之间的中点为坐标原点，水平向右为 X 轴正方向，垂直向上为 Y 轴正方向，如图 7－2（a）所示。由此可得到此时刻的模拟线路或导线的舞动坐标（X, Y）

$$Y = \frac{2S}{l_c} \qquad (7-2)$$

$$X = \sqrt{l_a^2 - Y^2} - \frac{l_c}{2} \qquad (7-3)$$

当试验导线连续舞动时，试验导线与该三角形所在平面的交点（X, Y）坐标连续发生变化，绘出此点坐标随时间的变化图，即可获得试验导线的舞动轨迹。

在使用拉绳传感器进行测试时，需要考虑拉绳在测量过程中由于重力产生的弧垂对测量结果造成的影响。当拉绳摆动至水平状态时，拉力与重力的角度最大，拉绳弧垂最大。为简化分析，仅对此状态进行分析。

进行受力分析，如图 7－3 所示。其中 F_1 代表拉绳传感器内部弹簧对拉绳产生的拉力，F_2 代表导线舞动对拉绳产生的拉力，拉绳重力为 G，角 θ 为 F_1 与竖直方向的夹角。

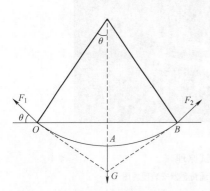

当拉绳处于水平状态时，对拉绳进行受力分析。某型号拉绳传感器，拉绳材质为钢绳，密度为 $7.85g/cm^3$，横截面积为 $0.7mm^2$，则拉绳的重力 G 为 0.108N。拉绳长度为 2m 时，拉绳传感器的弹簧拉力 F_1 为 24.5N，试验导线舞动对拉绳传感器的拉力 F_2 应在弹簧拉力 F_1 范围左

图 7－3　拉绳传感器拉绳弧垂受力分析

右，可将其简化为与 F_1 相同。拉绳处于受力平

衡状态时有

$$G = 2F_1 \sin\theta \qquad (7-4)$$

可得到圆心角度数 2θ 的大小为 $0.253°$，已知弧 $\overset{\frown}{OAB}$ 长度为 2m，则对应 OB 的长度为 1.998m。因此弧 $\overset{\frown}{OAB}$ 与直线 AB 的长度误差极小，相对于本身的长度可忽略不计。

另外对拉绳传感器的拉绳做力矩分析，如图 7-4 所示。

以拉绳传感器拉绳出线端点为 O 点，水平方向为 X 轴，数值方向为 Y 轴。若拉绳出现弧垂，其形式如图 7-4 中弧线 $\overset{\frown}{OAB}$ 所示，弧线长为 L。假设拉绳终点与拉绳传感器出线端处于同一高度，且拉绳终点处所受拉力为 F，与水平方向夹角为 α。拉绳传感器单位长度拉绳的重力为 G/L。

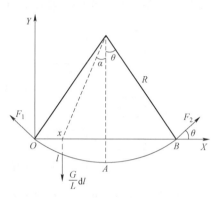

图 7-4　拉绳传感器拉绳力矩分析

此时，拉绳端点处的拉力 F 对 O 点的力矩可表示为

$$M_1 = 2R\sin\theta F\sin\theta = 2FR\sin^2\theta \qquad (7-5)$$

拉绳传感器的重力 G 对 O 点的力矩可表示为

$$M_2 = \int x \frac{G}{L} \mathrm{d}l = \frac{G}{L} \int x \mathrm{d}l \qquad (7-6)$$

因为此时 θ 比较小，可以近似认为

$$\mathrm{d}l = R\mathrm{d}\alpha \qquad (7-7)$$

式（7-6）可以写为

$$\begin{aligned}
M_2 &= \frac{G}{L} \int x \mathrm{d}l \\
&= \frac{G}{L} \int_{-\theta}^{\theta} (R\sin\theta + R\sin\alpha) R\mathrm{d}\alpha \\
&= \frac{2GR^2\theta\sin\theta}{L}
\end{aligned} \qquad (7-8)$$

力矩平衡的条件下，可得到

$$M_1 = M_2 \qquad (7-9)$$

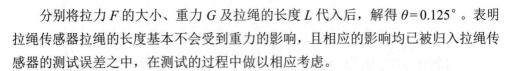

分别将拉力 F 的大小、重力 G 及拉绳的长度 L 代入后，解得 $\theta = 0.125°$。表明拉绳传感器拉绳的长度基本不会受到重力的影响，且相应的影响均已被归入拉绳传感器的测试误差之中，在测试的过程中做以相应考虑。

2. 系统实现

基于拉绳传感器的导线舞动位移测试系统，主要包括拉绳传感器组合、信号调理系统、信号采集系统和监控分析系统，如图 7-5 所示。

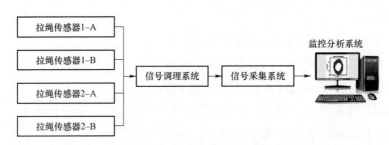

图 7-5 基于拉绳传感器的导线舞动位移测量系统组成

（1）拉绳传感器。传统的拉绳传感器量程较小，其最大量程一般不超过 10m，出绳速度极限一般都在 1～2m/s 之间。而以 1.5Hz 舞动频率和 1.5m 的舞动量程进行估算，假设舞动试验导线上最大舞动幅值处的振子舞动过程沿时间轴满足余弦分布，则其舞动速度的峰值在 7.065m/s 左右，远超出一般拉绳传感器的出绳速度极限。当拉绳传感器的出绳速度无法达标时，试验导线舞动时一方面可能会造成被拉出的拉绳无法及时收回，拉绳产生弧垂，拉绳传感器出绳长度大于实际测量长度，产生测量误差；另一方面拉绳速度无法达标可能拉断拉绳或拉绳传感器内部的弹簧，对拉绳传感器造成结构性破坏。因此，需要选择大量程高出绳速度的拉绳传感器以满足测试需求。

每组拉绳传感器以试验导线为对称轴布置在试验导线两侧，其拉绳挂在试验导线下侧挂钩上。两台拉绳传感器及其拉绳处于同一平面中并与试验导线始终保持垂直。

（2）信号调理系统。信号调理系统的作用是滤除高频杂散干扰并实现电气隔离，主要由完成信号隔离的无源信号隔离器和完成电流-电压信号转换的精密电阻两部分构成。实际的工作过程中，拉绳传感器输出信号极易耦合工频干扰而造成输出信号不稳定，并且在开关电源斩波的过程中会造成各种谐波，故安装信号调理装置以保持准确的测量结果，并实现电气隔离以保护电脑监测端的安全。精密电阻将传感器输出的电流信号转化为电压信号，由信号采集系统进行数据采集。

（3）信号采集系统。信号采集系统将拉绳传感器的连续输出转化为离散信号并进行采集，进而将信号发送至电脑端进行监测。

（4）监控分析系统。监测分析系统对接收到的信号进行处理，转换为发生试验导线舞动时拉绳传感器的拉绳长度，并依据得到的拉绳传感器的拉绳长度以及拉绳传感器之间的水平距离计算试验导线的舞动坐标，最终通过计算得到多组试验导线的舞动坐标，绘制显示试验导线的舞动轨迹。

7.1.2　光幕传感技术

光幕传感器由发射端和接收端组成，发射端发射光束，根据接收端接收到的光强判断光幕传感器布置的位置中间是否有被其他物体挡住，当光束被其他物体挡住时便说明有物体正处于此位置。沿一定方向连续排列的发射端和接收端组成光幕，根据该物体切割不同光束的时间，确定其位移轨迹。

1. 测试原理

如图 7-6 所示，已布置好的光幕传感器 A 和光幕传感器 B 的发射端与接收端都处于同一平面上构成一个矩形框，矩形框与试验导线方向垂直，试验导线与此矩形框所在的平面相交，交点在该平面上不断运动。光幕传感器通过接收光强的变化来判断试验导线上该点的运动位置。

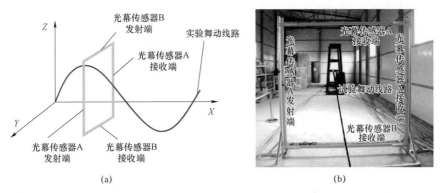

(a)　　　　　　　　　　　　　　　(b)

图 7-6　光幕传感器安装示意

（a）光幕传感器测试安装示意图；（b）光幕传感器安装测试

光幕传感器组合的测试原理如图 7-7 所示。光幕传感器 A 和光幕传感器 B 上的光电开关的布置间隔为 a，光幕传感器 A 上共布置 $m+1$ 个光电开关，光幕传感器 B 上共布置 $n+1$ 个光电开关。光幕传感器 A 光电开关按照从下至上的顺序依次记为纵向光电开关 0，纵向光电开关 1，……，纵向光电开关 m；光幕传感器 B 光电开关按照从左至右的顺序分别记为横向光电开关 0，横向光电开关 1，……，横向光电开关 n。

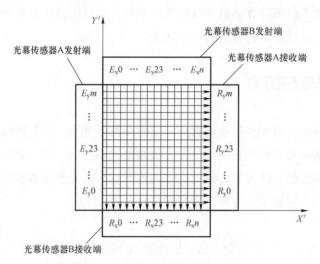

图 7-7　光幕传感器组合测试原理

使横向光电开关 0 和纵向光电开关 0 的位置相互重合并令此点为坐标原点，则光幕传感器 A 和光幕传感器 B 上各光电开关的位置可分别表示为

$$X = [0, a, 2a, 3a, 4a, 5a, \cdots, na] \qquad (7-10)$$

$$Y = [0, a, 2a, 3a, 4a, 5a, \cdots, ma] \qquad (7-11)$$

光幕传感器组合通电后，即开始扫描各光电开关，确定各光电开关的光强是否发生变化，若某一光电开关被挡住则转换为高电平，否则保持低电平。在接收到开始传输数据的命令后，光幕传感器组合开始传输数据。此时，首先确定试验导线的舞动范围，其纵向的舞动范围为 $[0, ia]$（$i \leq m$），横向的舞动范围为 $[ja, ka]$（$j \geq 0$，$k \leq n$，$j < k$），根据传输数据的结果分别确定 i，j，k 的值（此值可根据光电开关是否有过输出直接判定）。同时，确定试验导线的 X 轴起始舞动位置 X_{initial}，此位置由首次切过纵向光电开关的位置确定，记 $X_{\text{initial}} = sa$，$j \leq s \leq k$。随后，将采集到的试验导线在舞动过程中切割的每一个横向光电开关和纵向光电开关所发射的光束的时间分别记录在数集 T_x 和 T_y 中，其中

$$T_x = [t_0, t_1, t_2, \cdots, t_{2(k-j)-1}] \tag{7-12}$$

$$T_y = [0, t'_1, t'_2, \cdots, t'_{2i}] \tag{7-13}$$

式中　t_c——切过横向光电开关所发射的光束时的时刻，$t_c \in T_x$ 且 $t_0 \leqslant t_c \leqslant t_{2(k-j)-1}$；

t'_d——切过纵向光电开关所发射的光束时的时刻，$t'_d \in T_y$ 且 $0 \leqslant t'_d \leqslant t'_{2i}$。

计算试验导线在舞动过程中相邻两次切过光幕传感器 B 上所发射光束时的时间差 ΔT_x，其中 $T_m = t_m - t_{m-1}$。以及试验导线在舞动过程中相邻两次切过光幕传感器 A 上所发射光束时的时间差 ΔT_y，其中 $T'_m = t'_m - t'_{m-1}$。

$$\Delta T_x = [T_1, T_2, T_3, \cdots, T_{2(k-j)}] \tag{7-14}$$

$$\Delta T_y = [T'_1, T'_2, T'_3, \cdots, T'_{2i}] \tag{7-15}$$

根据试验导线在舞动过程中切割的每一个横向光电开关和纵向光电开关所发射的光束的时间、所对应的横向光电开关和纵向光电开关的位置以及各个光幕传感器 B 和光幕传感器 A 上各光电开关之间的距离，分别计算得出试验导线在相邻的光电开关所发射光束之间进行舞动时的横向速度 V_x 与纵向速度 V_y，其中 $V_m = \dfrac{a}{T_m}$，$V'_m = \dfrac{a}{T'_m}$。

$$V_x = [V_1, V_2, V_3, \cdots, V_{2(k-j)}] \tag{7-16}$$

$$V_y = [V'_1, V'_2, V'_3, \cdots, V'_{2i}] \tag{7-17}$$

根据已知的光幕传感器 A 及光幕传感器 B 上各光电开关的位置，获得在每次切割的过程中试验导线的舞动位移分别为

$$\begin{cases} S_x = [S_0, S_1, S_2, \cdots, S_{2(k-j)}] \\ S_m = \begin{cases} sa & (p = 0) \\ (s+p)a & (p \leqslant k-s) \\ (2k-s-p)a & (k-s \leqslant p \leqslant 2k-j-s) \\ (p-2k+2j+s)a & (2k-j-s \leqslant p \leqslant 2k-2j) \end{cases} \end{cases} \tag{7-18}$$

$$\begin{cases} S_y = [S'_0, S'_1, S'_2, \cdots, S'_{2i}] \\ S'_m = \begin{cases} qa & (0 \leqslant q \leqslant i) \\ (2i-q)a & (i \leqslant q \leqslant 2i) \end{cases} \end{cases} \tag{7-19}$$

式中　p——横向切割的第 p 个光束位置；

q——纵向切割的第 q 个光束位置。

结合上述步骤中得到的试验导线舞动时的横向速度 V_x 和纵向速度 V_y，利用平均速度代替瞬时速度，并将试验导线的瞬时坐标 (X, Y) 利用平均速度来表示，即可得到试验导线舞动的横向轨迹和纵向轨迹与时间 t 的关系，表示为

$$X = \begin{cases} S_0 + V_1(t-t_0) & (t_0 \leqslant t \leqslant t_1) \\ S_1 + V_2(t-t_1) & (t_1 \leqslant t \leqslant t_2) \\ \qquad \cdots \\ S_{2(k-j)-1} + V_{2(k-j)-1}(t-t_{2(k-j)-1}) & (t_{2(k-j)-1} \leqslant t \leqslant t_{2(k-j)}) \end{cases} \qquad (7-20)$$

$$Y = \begin{cases} S_0' + V_1't & (0 \leqslant t \leqslant t_1') \\ S_1' + V_2'(t-t_1') & (t_1' \leqslant t \leqslant t_2') \\ \qquad \cdots \\ S_{2i-1}' + V_{2i}'(t-t_{2i-1}') & (t_{2i-1}' \leqslant t \leqslant t_{2i}') \end{cases} \qquad (7-21)$$

利用式（7-20）与式（7-21）得到任一时刻试验导线被测试点的横向轨迹和纵向轨迹的计算式后，对坐标系进行平移，将所有坐标平移至以试验导线一端为坐标系原点的坐标系上，对所有坐标进行相应变换后即可绘制出试验导线的舞动轨迹。

2. 系统实现

基于光幕传感器的舞动测量子系统主要包括光幕传感器、信号调理系统、信号采集系统和监控分析系统，如图 7-8 所示。

图 7-8 基于光幕传感器的导线舞动位移测量子系统组成

（1）光幕传感器。通过将光幕传感器布置在试验导线周围，可以测得光幕传感器接收端的光强变化从而获得试验导线对应测点的位置。基于此种工作原理可以利用光幕传感器来获得试验导线的舞动轨迹。理论上光幕传感器可以实现无限拼接，实现高精度的位移测量。为了保证测试结果的准确性，需要保证在试验导线舞动一周的范围内，光幕传感器组合至少采到 50 个点，即要求单个光幕传感器在少于 20ms 的时间内确定所有光电开关的状态。

在测量的过程中，光幕传感器的发射端与接收端分别放置在试验导线的两侧以测量导线舞动的位置，两台光幕传感器的发射端与接收端通过支架组成一个矩形，试验导线从矩形平面内穿过，当试验导线舞动时，光幕传感器 A 接收端能够测量到试验导线该点舞动时的纵向位移变化；光幕传感器 B 接收端能够测量到试验导线该点舞动时的横向位移坐标变化。将两数据依照时间基准组合后即可得到试验导线该点处的舞动位移情况。光幕传感器安装及组合情况如图 7−9 所示。

图 7−9　光幕测试系统安装布置

（2）信号调理系统。首先信号调理系统完成了光幕传感器输出端与上位机之间的信号隔离，防止输出端信号耦合电源干扰信号后对上位机造成破坏；其次将多组横向光幕传感器和纵向光幕传感器的接收端的输出电平信号调理转换为标准电平信号，利于上位机软件进行识别。

（3）信号采集系统。基于光幕传感器的导线舞动位移测量系统在与电脑控制端传输数据时，由于有很多台光幕传感器接收端同时发送数据，上位机没有足够的接口接收所有光幕传感器发送的数据，可以利用多串口卡代替上位机监测段先行接收数据。

（4）监控分析系统。利用电脑监测端的监测系统对信号进行接收与处理，筛选出所有的高电平信号，同时记录每个高电平信号的对应时刻，查询各个高电平信号对应的光幕传感器的位置便可获得试验导线的 $S-t$ 曲线，并绘制出试验导线的舞动轨迹。

7.2 检定平台组成与功能

基于直接位移量的高精度试验导线舞动测试系统，在实验室环境中有很好的稳定性与可靠性，可以以此建立线路舞动监测装置检定平台，实现检定各种传统线路舞动监测装置相应性能的目的。本节对检定平台的组成与功能进行介绍。

7.2.1 检定平台组成

基于直接位移量的舞动监测系统主要由标准测试系统、待测传感器系统、数据接收与处理系统和检定分析系统四部分组成，如图 7－10 所示。利用导线舞动试验机，实现试验导线不同舞动频率、幅值及阶次条件下的舞动。检定时，由标准测量系统和待测测量系统同时测量试验导线的舞动情况，通过对比分析，实现检验和检定。

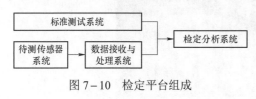

图 7－10　检定平台组成

（1）标准测试系统。基于直接位移量的线路舞动标准测试系统是指精度较高且经过计量部门检验检定的试验导线舞动特征量及轨迹测试系统。该系统可以利用高精度拉绳传感器、高精度光幕传感器独立或组合实现。

（2）待测传感器系统。待测传感器系统是指待检定的传统线路舞动监测装置。检定时，调试待测的传感器系统，将其安装在标准测试系统的标定点处，或将其监测点对准标准测试系统的标定点。当试验导线舞动达到稳定状态后，待测传感器系统输出测试结果，并将结果传输给数据接收与处理系统。

（3）数据接收与处理系统。数据接收与处理系统是指对接收到的待测传感器系统发送的数据进行接收并进行运算的系统。在此系统中，对接收的数据进行相应处理，将得到的舞动特征值及舞动位移轨迹发送到检定分析系统。

（4）检定分析系统。检定系统能够依据标准测试系统测试得到的舞动特征值及舞动轨迹结果对待测系统舞动特征值及舞动轨迹进行检定。依照标准测试系统测试得到的结果，判定待测系统的测试结果是否在此置信区间内。

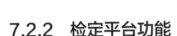

7.2.2　检定平台功能

输电线路舞动监测装置可以对待测传感系统的舞动特征值（舞动幅值、频率和阶次）和全档试验导线舞动轨迹进行检定。本节以 5 测点为例进行舞动特征值检定和舞动轨迹检定的相关计算推导。

1. 舞动特征值检定

基于直接位移量的线路舞动监测装置检定系统能够实现对传统的线路舞动监测设备的检定，步骤如下。

第一步：启动舞动试验机使试验导线达到舞动稳定状态。在舞动试验机工作界面分别设定时间段 T_0-T_1、T_1-T_2、T_2-T_3，在不同时间段内设置不同的舞动频率和幅值。利用标准测试系统和待测传感器，分别监测并输出测量结果。

第二步：首先根据输出的数据结果分别计算标准测试系统和待检定传感器在不同时间段内的频率。标准测试系统在各个时间段内测得的平均频率分别记为 $\bar{f_1}$、$\bar{f_2}$、$\bar{f_3}$。待测传感器在各个时间段内测得的平均频率分别记为 f_1'、f_2'、f_3'。

第三步：根据标准测试系统与待测传感器的输出数据分别计算线路舞动在特定点处的幅值。根据不同测量点和不同时间段内的舞动幅值，分别计算得到其舞动幅值矩阵 A 和 A'

$$A=\begin{bmatrix} a_{11} & a_{12} & a_{13} & a_{14} & a_{15} \\ a_{21} & a_{22} & a_{23} & a_{24} & a_{25} \\ a_{31} & a_{32} & a_{33} & a_{34} & a_{35} \end{bmatrix} \qquad (7-22)$$

$$A'=\begin{bmatrix} a_{11}' & a_{12}' & a_{13}' & a_{14}' & a_{15}' \\ a_{21}' & a_{22}' & a_{23}' & a_{24}' & a_{25}' \\ a_{31}' & a_{32}' & a_{33}' & a_{34}' & a_{35}' \end{bmatrix} \qquad (7-23)$$

第四步：根据标准测试系统与待测传感器的输出数据分别计算档距内线路舞动的阶次。阶次即档距内线路舞动过程中产生的峰值个数，即为线路舞动时的舞动极值点个数。分别计算得到标准测试系统在不同频率下的舞动阶次为 P_1、P_2、P_3，待测传感器对应测得的舞动阶次分别为 P_1'、P_2'、P_3'。

第五步：根据分别得到的标准测试系统及待测传感器的舞动频率、幅值及阶次，计算待测传感器舞动频率误差和舞动幅值误差。判断待测传感器的舞动特征值是否达到一定的测试精度。其中，对频率的检定选择如下方式

$$\Delta_f = \frac{\sqrt{(\overline{f_1} - f_1')^2 + (\overline{f_2} - f_2')^2 + (\overline{f_3} - f_3')^2}}{\sqrt{\overline{f_1}^2 + \overline{f_2}^2 + \overline{f_3}^2}} \times 100\% \qquad (7-24)$$

对舞动幅值的检定选择如下方式

$$\Delta_A = \frac{\sqrt{\sum_{i=1}^{3}(a_{i1} - a_{i1}')^2}}{\sqrt{\sum_{i=1}^{3} a_{i1}^2}} \times 100\% \qquad (7-25)$$

若系统误差超过规定值，表明待测传感器的幅值和频率监测的手段及精度方面存在一定的问题，幅值及频率误差较大时可能会对杆塔应力及线路舞动状态的判断造成较大影响，可能产生舞动状态的漏报及误报，造成极大的经济损失。另外，如果标准测试系统测得的舞动阶次 P_i 与待测传感器测得的舞动阶次 P_i' 不相同，也表明待测传感器无法准确监测线路舞动的特征，无法满足电网舞动监测的基本需求。

第六步：针对部分误差较大的线路舞动监测装置，为了保证其适用性，对其会再进行一次检定，其过程与上次相同，若能达到一定精度即可认为待测传感器监测结果满足需求，能够在电网中实现输电线路监测的功能。

2. 舞动单点轨迹检定

除对传统线路舞动监测装置的线路舞动特征量进行检定外，检定平台还能实现针对线路舞动的单点轨迹检定，其过程下。

第一步：将标准测试系统与待检定传感器分别布置在试验导线周围，当达到稳定状态后，对标准测试系统和待检定传感器分别发出命令，使其分别开始测量。

第二步：在对线路舞动单点轨迹进行检定时，为保证标准测试系统测量的准确性，以传感器布置位置作为参考位置，截取此位置的线路舞动轨迹对待测传感器进行检定。同理，待测传感器也应测量参考位置以保证测量结果的可比较性。当试验导线舞动稳定后，分别以检定系统和待检定系统的时间为基准，截取 k 个周期内线路舞动单点轨迹参数，对其进行时域离散，每个周期内分别选取等差时间 Δt 及 $\Delta t'$ 取 n 个点，分别表示为 S_A 和 S_B。

$$S_A = \begin{bmatrix} (x_{11}, y_{11}) & (x_{12}, y_{12}) & ... & (x_{1n}, y_{1n}) \\ (x_{21}, y_{21}) & (x_{22}, y_{22}) & ... & (x_{2n}, y_{2n}) \\ ... & ... & & ... \\ (x_{k1}, y_{k1}) & (x_{k2}, y_{k2}) & ... & (x_{kn}, y_{kn}) \end{bmatrix} \qquad (7-26)$$

$$S_B = \begin{bmatrix} (x'_{11}, y'_{11}) & (x'_{12}, y'_{12}) & ... & (x'_{1n}, y'_{1n}) \\ (x'_{21}, y'_{21}) & (x'_{22}, y'_{22}) & ... & (x'_{2n}, y'_{2n}) \\ ... & ... & & ... \\ (x'_{k1}, y'_{k1}) & (x'_{k2}, y'_{k2}) & ... & (x'_{kn}, y'_{kn}) \end{bmatrix} \quad (7-27)$$

第三步：对测量得到的标准测试系统单点舞动轨迹矩阵 S_A 中所有的横坐标 x 及纵坐标 y 做平均，得到横坐标均值 x_0 及纵坐标均值 y_0。此均值坐标代表直角坐标系中线路舞动单点轨迹的中心。以此轨迹中心为极点，$y = y_0$ 为极轴做极坐标变换，将所有在直角坐标系下测得的舞动轨迹值转换为极坐标系下的舞动轨迹值，分别记为 R_A 和 R_B

$$R_A = \begin{bmatrix} (r_{11}, \theta_{11}) & (r_{12}, \theta_{12}) & ... & (r_{1n}, \theta_{1n}) \\ (r_{21}, \theta_{21}) & (r_{22}, \theta_{22}) & ... & (r_{2n}, \theta_{2n}) \\ ... & ... & & ... \\ (r_{k1}, \theta_{k1}) & (r_{k2}, \theta_{k2}) & ... & (r_{kn}, \theta_{kn}) \end{bmatrix} \quad (7-28)$$

$$R_B = \begin{bmatrix} (r'_{11}, \theta'_{11}) & (r'_{12}, \theta'_{12}) & ... & (r'_{1n}, \theta'_{1n}) \\ (r'_{21}, \theta'_{21}) & (r'_{22}, \theta'_{22}) & ... & (r'_{2n}, \theta'_{2n}) \\ ... & ... & & ... \\ (r'_{k1}, \theta'_{k1}) & (r'_{k2}, \theta'_{k2}) & ... & (r'_{kn}, \theta'_{kn}) \end{bmatrix} \quad (7-29)$$

第四步：在得到标准测量系统及待测传感器在极坐标系下的线路舞动单点轨迹之后，分别将 R_A 及 R_B 中的 k 个周期单点轨迹做平均，便可得到标准测试系统和待测系统在 k 个周期内的舞动平均轨迹 $\overline{R_A}$ 及 $\overline{R_B}$。

$$\overline{R_A} = \begin{bmatrix} (\overline{r_1}, \overline{\theta_1}) & (\overline{r_2}, \overline{\theta_2}) & \cdots & (\overline{r_n}, \overline{\theta_n}) \end{bmatrix} \quad (7-30)$$

$$\overline{R_B} = \begin{bmatrix} (\overline{r'_1}, \overline{\theta'_1}) & (\overline{r'_2}, \overline{\theta'_2}) & \cdots & (\overline{r'_n}, \overline{\theta'_n}) \end{bmatrix} \quad (7-31)$$

第五步：得到标准测试系统和待测传感器的平均轨迹后，在此极坐标系中选出特定的一簇直线 $\theta = m\alpha$（$m = 0, 1, 2, \cdots, [360/\alpha]$），其分别与检定系统测得的舞动轨迹和待测系统测得的舞动轨迹相交，交点极值矩阵分别记作 A 和 B

$$A = (a_0, a_1, a_2, a_3, \cdots, a_m) \quad (7-32)$$

$$B = (b_0, b_1, b_2, b_3, \cdots, b_m) \quad (7-33)$$

则线路舞动单点轨迹误差平均值应为

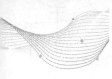

$$\Delta_{\text{轨}}=\frac{\sqrt{\sum_{i=0}^{m}(a_i-b_i)^2}}{\sqrt{\sum_{i=0}^{m}a_i^2}}\times100\% \qquad (7-34)$$

当此线路舞动单点轨迹误差平均值大于规定值时，即可判定待测传感器不满足测试标准，其舞动单点轨迹测量结果不能作为真实的线路舞动单点轨迹，待检定设备无法保证一定的测试精度。

同时，线路舞动单点轨迹总误差较小，满足检定要求时，还需对单点舞动轨迹各个微观部分进行分析。记线路舞动单点轨迹误差最大值

$$C_{\max}=\max\left[\frac{|a_i-b_i|}{a_i}\times100\%\right] (1\leqslant i\leqslant m) \qquad (7-35)$$

$C_{\max}$ 表示了极坐标系下待测传感器与标准测试系统在各个方向轨迹的偏离程度。当 $C_{\max}$ 大于规定值时，表明在此方向标准测试系统与待测传感器测量结果相差较大，即使 $\Delta_{\text{轨}}$ 满足条件，仍判定待测系统检定不合格，应当被筛选出来。

3. 舞动时空轨迹判定

检定平台还能实现对部分待测传感器测得的舞动时空轨迹进行判定。整体而言，现阶段大部分能够实现线路舞动时空轨迹检测的设备都是以单目设备为基础的，其内部时标与网络信号相连，不同的单目设备在接入检定平台后的时间延迟不能确定；而标准测试系统时标虽然与网络信号相连，但在驱动测试系统时可能会有一定延迟。因此标准测试系统与待测传感器在时标上可能有一定的偏差。针对待测传感器的线路舞动时空轨迹误差评价只作为其测试结果与标准系统是否接近的依据，而不作为其测试精度的检定依据。针对部分待检定设备的线路舞动时空轨迹判定流程如下。

第一步：分别将待测传感器与标准测试系统布置在试验导线周围，保证其测试结果的准确性。随后舞动试验机带动试验导线开始舞动并达到稳定状态。当试验导线舞动逐步稳定后，同时驱动标准测试系统和待测传感器开始测量。

第二步：经过特定时间 t 后，分别停止标准测试系统和待测传感器。由于时标不同，首先应停止待测传感器系统，随后停止标准测试系统，以方便在标准测试系统的时空轨迹上截取。

第三步：根据待测传感器的截止时间，在标准测试系统上反向截取时间 t 的线路舞动时空轨迹，并将此轨迹测试结果与待测传感器对应的测量结果同时发送给后

端处理系统。

第四步：根据标准测试系统及待测传感器测量得到的时空轨迹，对两条轨迹结果在 Z 轴离散后做差并积分，即有

$$\Delta=\frac{1}{z}\int_0^z\frac{\sqrt{(x-x')^2+(y-y')^2}}{\sqrt{x^2+y^2}}\mathrm{d}z\mathrm{d}t\times100\%\qquad(7-36)$$

得到确定时刻的线路舞动空间轨迹相对于 Z 轴误差后，进而可获得舞动总时间 t 内线路舞动的总的误差为

$$\Delta_{\text{总}}=\frac{1}{t}\int_0^t\int_0^z\frac{\sqrt{(x-x')^2+(y-y')^2}}{\sqrt{x^2+y^2}}\mathrm{d}z\mathrm{d}t\times100\%\qquad(7-37)$$

式中　(x,y)——t 时刻 Z 轴坐标为 z 处的标准系统试验导线舞动坐标；

　　　(x',y')——t 时刻 Z 轴坐标为 z 处的待测系统试验导线舞动坐标。

7.2.3　结果判定

针对不同的输电线路导线舞动监测装置的监测特点，其检定的内容也有一定的区别。输电线路导线舞动单点监测装置的检定内容包括线路舞动频率、线路舞动单点幅值和线路舞动单点轨迹；输电线路导线舞动全档距监测装置的检定内容包括线路舞动频率、线路舞动幅值、线路舞动阶次、线路舞动单点轨迹和线路舞动时空轨迹。

基于国家电网公司于 2017 年 7 月发布的《输电线路舞动监测装置技术规范》（Q/GDW 10555—2016），进行了大量测试和数据分析，初步确定了单点监测装置检定结果评定标准，以及输电线路导线舞动全档距监测装置的检定结果评定标准，如表 7-1、表 7-2 所示。当其中任一项超过相应最大值时，即可判定待检定的输电线路导线舞动单点监测装置不合格，不能够作为输电线路舞动监测设备应用在电网中。

表 7-1　　　　　　　　输电线路导线舞动单点监测装置检定结果评定

检定项目	误差最大值
线路舞动频率 Δ_f	10%
线路舞动单点幅值 Δ_A	10%
线路舞动单点轨迹平均值 $\Delta_{\text{轨}}$	5%
线路舞动单点轨迹最大值 $C_{\max}$	20%

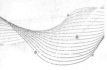

表 7-2　　　　　　　输电线路导线舞动全档距监测装置检定结果评定

检定项目	误差最大值
线路舞动频率 Δ_{f}	10%
线路舞动幅值 Δ_{SA}	10%
线路舞动单点轨迹平均值 $\Delta_{\mathrm{轨}}$	5%
线路舞动单点轨迹最大值 $C_{\max}$	20%
线路舞动时空轨迹 $\Delta_{\mathrm{总}}$	—

需要注意的是，线路舞动阶次的最大误差为零，表示待测系统和标准系统在线路舞动阶次的测试结果上应始终相同，若不相同即可直接判定待测系统检定不合格。同时，由于很多输电线路导线舞动全档距监测装置的内部延时不确定，导致标准系统和待测系统的时标对准存在不确定性，故线路舞动时空轨迹的误差只作为参考值，为待测输电线路导线舞动全档距监测装置的时空轨迹测试准确性提供依据。

7.3　舞动监测装置应用实例与前景分析

本节介绍了输电线路舞动防治技术实验室对基于加速度传感器的舞动监测装置和基于单目光学测量的舞动监测装置检定情况。

7.3.1　基于加速度传感器的舞动监测装置

现阶段在电网中广泛应用的线路舞动监测设备是各种加速度传感器。加速度传感器通常安置在输电线路上，当输电线路开始舞动时，加速度传感器随输电线路一起舞动。

本次检定选择了加速度传感器 LGM50 和加速度传感器 KD1000LA，对其进行了相应的性能测试。

1. 标准测试系统测试结果

按照 7.2.2 所介绍流程进行测试，其中标准测试系统舞动频率及幅值结果见表 7-3，单点网舞动轨迹测试结果见表 7-4。

表7-3	标准测试系统舞动频率及幅值测试结果	
时间	频率（Hz）	纵向幅值（cm）
$t_0 - t_1$	$\overline{f_1} = 1.42$	$a_{11} = 64.0$
$t_1 - t_2$	$\overline{f_2} = 1.43$	$a_{21} = 64.5$
$t_2 - t_3$	$\overline{f_3} = 1.43$	$a_{31} = 64.2$

表7-4	标准测试系统单点舞动轨迹测试结果		
m	a_m（cm）	m	a_m（cm）
0	10.0	6	35.9
1	36.1	7	57.2
2	57.3	8	57.1
3	56.9	9	36.7
4	36.4	10	10.0
5	10.2		

2. 待测加速度传感器 LGM50 测试结果

按照 7.2.2 所介绍方法进行测试，待测加速度传感器 LGM50 舞动频率及幅值结果见表 7-5，单点舞动轨迹测试结果见表 7-6。

表7-5	待测加速度传感器 LGM50 舞动频率及幅值测试结果	
时间	频率（Hz）	纵向幅值（cm）
$t_0 - t_1$	$f'_1 = 1.5$	$a_{11} = 62.1$
$t_1 - t_2$	$f'_2 = 1.5$	$a_{21} = 62.6$
$t_2 - t_3$	$f'_3 = 1.5$	$a_{31} = 63.7$

表7-6	待测加速度传感器 LGM50 单点舞动轨迹测试结果		
m	b_m（cm）	m	b_m（cm）
0	11.0	6	35.6
1	37.1	7	56.2
2	57.4	8	57.6
3	56.9	9	37.5
4	37.4	10	11.0
5	10.6		

待测加速度传感器 LGM50 舞动频率误差为 5.15%；舞动幅值误差为 2.47%；

待测加速度传感器 LGM50 舞动单点轨迹测量误差为 1.70%；线路舞动单点轨迹误差最大值 C_{max} 为 10%。

3. 待测加速度传感器 KDA1000LA 测试结果

按照 7.2.2 所介绍方法进行测试，待测加速度传感器 KDA1000LA 舞动频率及幅值结果见表 7-7，单点舞动轨迹测试结果见表 7-8。

表 7-7　　　　　待测加速度传感器 **KDA1000LA** 舞动频率及幅值测试结果

时间	频率（Hz）	纵向幅值（cm）
t_0-t_1	$f_1'=1.39$	$a_{11}=62.4$
t_1-t_2	$f_2'=1.41$	$a_{21}=70.9$
t_2-t_3	$f_3'=1.45$	$a_{31}=74.5$

表 7-8　　　　　待测加速度传感器 **KDA1000LA** 单点舞动轨迹测试结果

m	b_m（cm）	m	b_m（cm）
0	11.4	6	36.6
1	33.7	7	57.4
2	54.2	8	58.9
3	55.6	9	37.2
4	34.9	10	12.4
5	10.7		

待测加速度传感器 KDA1000LA 舞动频率误差为 6.88%；舞动幅值误差为 10.9%；待测加速度传感器 KDA1000LA 舞动单点轨迹测量误差为 4.14%；线路舞动单点轨迹误差最大值 C_{max} 为 11.4%。

4. 测试结论

待测加速度传感器 LGM50 舞动特征值与舞动单点轨迹检定合格，该型号加速度传感器满足入网的基本标准，能够作为线路舞动监测装置应用在输电网络上。

待测加速度传感器 KDA1000LA 舞动特征值检定合格，但其舞动幅值误差大于标准值，且舞动轨迹在 $\theta=i\alpha$ 处与标准测试系统测得的舞动单点轨迹偏差较大，故该型号加速度传感器不满足入网的基本标准，不应被当作线路舞动监测装置应用在输电网络上。

7.3.2 基于单目测量的舞动监测装置

现阶段电网中另一类被普及应用的线路舞动监测设备是各种视频监测设备，根据监测摄像头个数主要分为单目、双目及多目监测装置。其中应用最为普遍的是各种单目监测设备，其工作原理如第三章中内容所述。这种监测方法不需要安装设备到输电线路上，只需通过非接触式的摄像机拍摄便可获得输电线路的舞动位移状态，安装操作简单易行，适合现场监测。

本次检定对象为一套由高分辨力录像机 cannon EOS 7D 及激光测距仪 Trupulse 360° 组成的单目视觉监测系统。

1. 标准测试系统测试结果

按照 7.2.2 介绍流程进行测试，其中标准测试系统舞动频率及幅值测试结果见表 7－9，舞动单点轨迹测试结果见表 7－10。

表 7－9 标准测试系统舞动频率及幅值测试结果

时间	频率 f（Hz）	阶次 P	幅值 A（cm）				
			a_1	a_2	a_3	a_4	a_5
t_0-t_1	1.42	1	26.0	64.0	104.0	57.9	34.0
t_1-t_2	1.43	1	26.0	64.5	104.0	57.6	34.0
t_2-t_3	1.43	1	26.0	64.2	100.0	57.4	34.0

表 7－10 标准测试系统舞动单点轨迹测试结果

m	a_m（cm）	m	a_m（cm）
0	10.0	6	35.9
1	36.1	7	57.2
2	57.3	8	57.1
3	56.9	9	36.7
4	36.4	10	10.0
5	10.2		

2. 单目视觉监测系统测试结果

按照 7.2.2 所介绍方法进行测试，单目视觉监测系统舞动特征值测试结果见

表 7－11，舞动单点轨迹测试结果见表 7－12。

表 7－11　　　　　　　　单目视觉监测系统舞动特征值测试结果

时间	频率 f'（Hz）	阶次 P'	幅值 A'（cm）				
			a_1'	a_2'	a_3'	a_4'	a_5'
t_0-t_1	1.5	1	26.4	64.4	105.7	58.3	34.5
t_1-t_2	1.5	1	26.7	64.5	104.2	58.1	34.2
t_2-t_3	1.5	1	26.0	64.1	101.9	57.5	33.9

表 7－12　　　　　　　　单目视觉监测系统舞动单点轨迹测试结果

m	b_m（cm）	m	b_m（cm）
0	10.4	6	35.6
1	36.3	7	57.5
2	57.3	8	57.3
3	57.0	9	36.2
4	36.6	10	10.4
5	10.7		

　　单目视觉监测系统舞动频率误差为 5.15%；舞动幅值误差为 1.16%；单目视觉监测系统舞动单点轨迹测量误差为 0.80%；线路舞动单点轨迹误差最大值 C_{max} 为 4%，其值符合规定。

　　3. 测试结论

　　单目视觉监测系统的舞动特征值与舞动单点轨迹检定合格，该套单目视觉监测系统满足入网的基本标准，能够作为线路舞动监测装置应用在输电网络上。

7.3.3　前景分析

　　本章介绍了两种能实现位移精确测量的基于拉绳传感器和光幕传感器的舞动监测方法，并介绍了一种检定舞动监测装置的检定平台，通过该检定平台对两种加速度传感器、一种单目视觉监测系统进行了检定与分析，结果表明该检定平台具有较好的应用特性。

依据检定平台制定的《舞动监测非标技术的标准化检定》获得了 CNAS 扩项认可，规范了舞动监测装置的入网检测，填补了市场空白。通过入网检测，可以规范和提升该类设备的入网质量，促进行业整体技术进步。

参 考 文 献

［1］ Hartog J P D. Transmission Line Vibration Due to Sleet［J］. Transactions of the American Institute of Electrical Engineers，1933，51（4）：1074－1076.

［2］ Nigol O，Buchan P G. Conductor Galloping－Part II Torsional Mechanism［J］. IEEE Transactions on Power Apparatus & Systems，1981，PAS－100（2）：708－720.

［3］ 樊社新，何国金，廖小平，等. 一种控制架空输电线舞动的方法与实验研究［J］. 噪声与振动控制，2006，26（4）：90－92.

［4］ Hartog，Den J P. Transmission Line Vibration Due to Sleet［J］. American Institute of Electrical Engineers Transactions of the，2013，51（4）：1074－1076.

［5］ Nigol O，Buchan P G. Conductor Galloping Part I－Den Hartog Mechanism［J］. IEEE Transactions on Power Apparatus & Systems，1981，PAS－100（2）：699－707.

［6］ 侯镭. 架空输电线路非线性力学特性研究［D］. 清华大学，2008.

［7］ 程志军. 架空输电线路动静力特性及风振研究［D］. 浙江大学，2000.

［8］ 张帆，熊兰，刘钰. 基于加速度传感器的输电线舞动监测系统［J］. 电测与仪表，2009，46（1）：30－33.

［9］ 黄华勇，王峰，王成，等. 基于传感器技术的导线舞动状态监测评估系统［J］. 传感器与微系统，2011，30（2）：64－67.

［10］ 黄新波，孙钦东，丁建国，等. 基于 GSM SMS 的输电线路覆冰在线监测系统［J］. 电力自动化设备，2008，28（5）：72－76.

［11］ 祝琨，杨唐文，阮秋琦，等. 基于双目视觉的运动物体实时跟踪与测距［J］. 机器人，2009，31（4）：327－334.

［12］ 尚倩，阮秋琦，李小利. 双目立体视觉的目标识别与定位［J］. 智能系统学报，2011，6（4）：303－311.

［13］ 邱茂林，马颂德，李毅. 计算机视觉中摄像机定标综述［J］. 自动化学报，2000，26（1）：43－55.

［14］ 张勇平，刘鸿斌，邓春，等. 沽太 500kV 双回线路覆冰舞动故障分析［J］. 中国电力，2010，43（3）.

［15］ 任鹏亮，谢凯，陈钊，等. 输电线路舞动现场监测技术研究［J］. 河南科技，2015（20）：

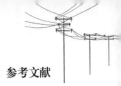

129－131.

[16] 邵颖彪，杨威，吕中宾，等. 基于单目视觉分析方法的输电线路舞动测量［J］. 中国电力，2016，49（2）：54－60.

[17] 罗健斌. 基于光纤传感技术的高压输电线路覆冰状态监测研究［D］. 华南理工大学，2013.

[18] 刘品一. 基于融合型分布式光纤传感的输电线覆冰舞动监测［D］. 南京大学，2017.

[19] 苗春生. 应用于光纤复合架空地线的光纤分布式振动的测量［J］. 激光与光电子学进展，2018，55（04）：80－84.

[20] 王晓楠. 架空输电线路风舞监测信号分析与处理［D］. 电子科技大学，2018.

[21] 马杰，张博，宋高丽. 差分 GPS－RTK 输电线路舞动监测精度的研究［J］. 河南科技，2015（16）：137－141.

[22] 戴汉扬，汤涌，宋新立，苏志达，顾卓远，项胤兴，苏毅. 电力系统动态仿真数值积分算法研究综述［J］. 电网技术，2018，42（12）：3977－3984.

[23] 黄桂平，李广云，王保丰，等. 单目视觉测量技术研究［J］. 计量学报，2004，25（4）：314－317.

[24] 蔡荣太，吴元昊，王明佳，等. 视频目标跟踪算法综述［J］. 电视技术，2010，34（12）：135－138.

[25] 卢湖川，李佩霞，王栋. 目标跟踪算法综述［J］. 模式识别与人工智能，2018，31（1）：61－76.

[26] 张超，吴旺林，杜永峰，等. 输电线舞动轨迹还原理论与试验研究［J］. 低温建筑技术，2015，37（7）：58－60.

[27] 张在宣，冯海琪，郭宁，等. 光纤瑞利散射的精细结构谱及其温度效应［J］. 激光与光电子学进展，1999（s1）：60－63.

[28] 张方迪，刘小毅，张民，等. 高折射率芯 Bragg 光纤瑞利散射特性的数值分析［J］. 吉首大学学报（自然科学版），2006，27（6）：64－68.

[29] 任国斌，王智，娄淑琴，等. 单模光纤的瑞利散射损耗研究［J］. 铁道学报，2003，25（5）：60－63.

[30] 倪玉婷，吕辰刚，葛春风，等. 基于 OTDR 的分布式光纤传感器原理及其应用［J］. 光纤与电缆及其应用技术，2006（1）：1－4.

[31] 田国栋. 基于 OTDR 技术的光纤测试方法探讨［J］. 现代电子技术，2009，32（19）：99－101.

[32] 李新华，梁浩，徐伟弘，等. 常用分布式光纤传感器性能比较［J］. 光通信技术，2007，31（5）：14－18.

［33］ 吴麻伟. 基于相敏光时域反射技术的分布式光纤围栏入侵监测应用研究［D］. 电子科技大学，2012.

［34］ Guerrero J M，Vicuna L G D，José Matas，et al. A Wireless Controller to Enhance Dynamic Performance of Parallel Inverters in Distributed Generation Systems［J］. IEEE Transactions on Power Electronics，2004，19（5）：1205－1213.

［35］ 李大维，孙海江，刘伟宁，等. 基于统计信息的改进滑动平均目标检测算法［J］. 液晶与显示，2018，v.33（06）：50－56.

［36］ 周轶红. 基于差分 GPS 的高精度在线定位系统研究［D］. 西安电子科技大学，2014.

［37］ 卢献敏. 基于 GPS－RTK 的城市导线测量技术研究［J］. 科技资讯，2011（13）：43－44.

［38］ 王亚毛.在不同区域内进行 GPS－RTK 测量的精度探讨［J］. 地矿测绘，2006，22（1）：41－43.

［39］ 王晓，高伟，张帅. GPS－RTK 测量精度的影响因素研究与实验分析［J］. 全球定位系统，2010，35（4）：26－30.

［40］ 朱明，吕晶，柯明星.多天线 GPS 姿态求解及误差分析［J］. 电子世界，2015（24）：50－53.

［41］ 王宝元，周发明，衡刚. 大位移双向拉绳式速度传感器［J］. 火炮发射与控制学报，2012（1）：76－79.

［42］ 褚延军. 拉绳式位移传感器在 20MN 快速锻压机上的应用［J］. 特钢技术，2011，17（3）：52－55.

［43］ 伍沛刚，张鹏，周献琦. 拉线式位移传感器误差来源的初步分析［J］. 工业计量，2014，24（1）：61－62.

［44］ 王兴，戚景观. 一种新的拉线式位移传感器的设计及其应用［J］. 机械工程与自动化，2012（4）：171－173.

［45］ 周祥，穆海宝，魏建林，等. 基于拉绳传感器的试验线路舞动轨迹监测系统［J］. 西安工程大学学报，2016，30（2）：194－199.

［46］ 苏树清. 双光幕测速系统设计［D］. 中北大学，2014.

［47］ 王壮，蔡怀宇，黄战华，等. 光幕测速法中微弱光信号的分析与检测［J］. 传感技术学报，2012，25（4）：505－509.

［48］ 魏建林，周祥，董丽洁，等. 基于光幕传感器的线路舞动监测设备检定系统［J］. 电测与仪表，2017（3）：45－49.